3D介孔KIT-6负载Ni基催化剂的CO甲烷化研究

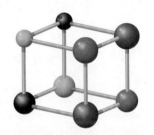

曹红霞 著

重庆大学出版社

内容提要

本书第 1 章介绍了煤制天然气工艺，并讲述了甲烷化工艺的核心 CO 甲烷化反应及其所涉及的反应机理和 CO 甲烷化催化剂，由此引出本书研究意义及其研究内容；第 2 章讲述不同载体及其制备方法对 CO 甲烷化催化性能影响；第 3 章基于三维(3D)介孔分子筛 KIT-6 和乙二醇改性的制备方法，研究助剂(V，Ce，La，Mn)对 CO 甲烷化催化性能影响；第 4 章介绍助剂 V 改性后 Ni(111)晶面 CO 吸附性能的 DFT 计算；第 5 章阐述助剂 V 与活性金属 Ni 含量对 CO 甲烷化性能的影响；第 6 章探究了不同反应温度、还原温度、空速以及 H_2/CO 等工艺参数对 CO 甲烷化的影响；第 7 章为本书的结论与创新点，并对后续开展工作进行展望。

图书在版编目(CIP)数据

3D 介孔 KIT-6 负载 Ni 基催化剂的 CO 甲烷化研究 / 曹红霞著.
--重庆:重庆大学出版社,2022.1
ISBN 978-7-5689-2406-1

Ⅰ.3… Ⅱ.①曹… Ⅲ.①甲烷化法 Ⅳ.
①TQ113.26

中国版本图书馆 CIP 数据核字(2020)第 151773 号

3D 介孔 KIT-6 负载 Ni 基催化剂的 CO 甲烷化研究
3D JIEKONG KIT-6 FUZAI Ni JI CUIHUAJI DE CO JIAWANHUA YANJIU

曹红霞 著
策划编辑:许 璐

责任编辑:许 璐 版式设计:许 璐
责任校对:关德强 责任印制:张 策

*

重庆大学出版社出版发行
出版人:饶帮华
社址:重庆市沙坪坝区大学城西路 21 号
邮编:401331
电话:(023) 88617190 88617185(中小学)
传真:(023) 88617186 88617166
网址:http://www.cqup.com.cn
邮箱:fxk@ cqup.com.cn(营销中心)
全国新华书店经销
重庆俊蒲印务有限公司印刷

*

开本:787mm×1092mm 1/16 印张:8.75 字数:122 千
2022 年 1 月第 1 版 2022 年 1 月第 1 次印刷
ISBN 978-7-5689-2406-1 定价:78.00 元

前　言

　　中国能源的基本特点是"多煤、少油、缺气"，在未来很长一段时期内，煤炭资源在我国的一次能源消费中仍然占据主导地位。天然气作为一种清洁、高效的能源，在我国一次能源消费结构中占有的比例逐渐增加。随着天然气消费需求的日益增加，其产量增速逐渐落后于消费需求增速，导致供需矛盾加剧，只能依靠进口弥补天然气缺口，提高了我国天然气对外依存度。因此，依托我国丰富的煤炭资源发展煤制天然气技术，符合清洁能源低碳化路线。煤制天然气技术的关键是甲烷化工艺，开发高效甲烷化催化剂和工艺技术具有良好的应用前景和实用价值。目前，甲烷化催化剂常采用 Al_2O_3 作为载体，然而在强放热的反应过程中，这些催化剂仍然面临着较低催化性能与较差稳定性能等问题，可见开发优良性能的载体对于发展具有优异低温催化活性与良好高温稳定性的甲烷化催化材料具有重要意义。

　　介孔分子筛因具有比表面积大、热稳定性好以及对活性金属具有良好的分散作用等优点，是一种很有应用前景的甲烷化催化剂载体。近年来，研究者们采用介孔 SiO_2 作为载体制备 Ni 基催化剂用于 CO 甲烷化反应，表现出良好的催化活性和稳定性。虽然介孔 SiO_2 分子筛作为甲烷化催化剂载体具有广阔应用前景，然而如何有效地负载活性金属 Ni 至介孔载体上以及如何改性制备高活性兼具高稳定性的甲烷化催化剂仍然是一个巨大的挑战。

本书共 7 章,第 1 章介绍了煤制天然气工艺,并讲述了甲烷化工艺的核心 CO 甲烷化反应及其所涉及的反应机理和 CO 甲烷化催化剂,由此引出本书研究意义及其研究内容;第 2 章讲述不同载体及其制备方法对 CO 甲烷化催化性能影响;第 3 章基于三维(3D)介孔分子筛 KIT-6 和乙二醇改性的制备方法,研究助剂(V、Ce、La、Mn)对 CO 甲烷化催化性能影响;第 4 章介绍助剂 V 改性后 Ni(111)晶面 CO 吸附性能的 DFT 计算;第 5 章阐述助剂 V 与活性金属 Ni 含量对 CO 甲烷化性能的影响;第 6 章探究了不同反应温度、还原温度、空速以及 H_2/CO 等工艺参数对 CO 甲烷化的影响;第 7 章为本书的结论与创新点,并对后续工作进行展望。

本书是作者根据多年从事 CO 甲烷化催化材料的研究成果,参考国内外该领域的研究资料以及研究成果所著。目前,国内关于 KIT-6 负载 Ni 基 CO 甲烷化催化剂的专著较少,本书具有一定的学术参考价值,同时又具有广泛的应用前景。

本书得到应用化学专业综合改革试点(2014zy073)、王红艳名师工作室(2016msgzs071)、应用化学专业教学团队(2018jxtd068)、宿州学院校级重点教学研究项目(szxy2020jyxm28)以及宿州学院博士科研启动基金项目(2019jb01)的资助,并得到中国矿业大学任相坤教授的精心指导,对此深表感谢!

由于作者的学识水平所限,书中难免有不足之处,还望读者批评指正!

曹红霞

2020 年 3 月于宿州学院

目　录

第1章 绪论

1.1 课题研究背景

中国的能源特点是"多煤、少油、缺气",在未来很长一段时间内,煤炭在我国的一次能源消费中仍将占据主导地位,其消费量占据能源总量的一半[1]。作为工业生产的主要燃料,煤炭在推动经济发展的同时但也进一步加剧了中国的碳排放。依据《自然》(Nature)的报道,中国燃煤导致2017年全球碳排放量激增2%[2],目前全球CO_2的浓度由工业革命前的280×10^{-6}增加至现在的400×10^{-6}[3],加剧了温室效应。随着能源消耗的日益增加与环保意识的加强,结合我国的能源特点,发展煤炭清洁高效利用技术对我国资源合理利用、节能减排具有重要意义。

天然气作为一种清洁高效的能源,随着经济的快速增长、城镇建设的加快以及"煤改气"的实施,国内天然气消费需求旺盛,拉动天然气产量快速增长。依据国家统计局数据显示,2019年,天然气产量为1 736亿 m^3,比上年增长9.8%,天然气表观消费量为3 100亿 m^3,同比增长10%。可见国内天然气消费需求增速远高于产量增速,加剧天然气供需矛盾,缺口高达 1 360 亿 m^3,只能通过进口天然气弥补其缺口,这种缺口继续增大,2020 年天然气进口量为 1 400 亿 m^3。因此依托我国丰富的煤炭资源,大力发展煤制天然气技术,不仅符合清洁能源低碳化路线,而且能确保充足的天然气供应。

煤制天然气是指原煤经气化单元处理后转变成合成气,再经甲烷化过程获取甲烷,其工艺流程由 4 个主要部分构成,分别为煤气化、变换、气体净化和甲烷化。该技术的核心是甲烷化工艺,而甲烷化工艺的基础归结为催化剂的研发与应用。由于甲烷化反应是强放热反应,工业上一般采用两个以上的反应器以串联方式连接。为了实现设备的高效利用、提高生产率,第一反应器常在高温高压下进行,因此甲烷化催化剂需要满足在高温 250～600 ℃下具有良好的高温稳定性。然而,受热力学平衡因素的影响,在高温反应条件下,原料气中的 CO 与 H_2 并不能反应完全,因此需要控制第二反应器在较低温度下(250～450 ℃)进行,使未参与反应的 CO 进行低温甲烷化反应,再次转变成合成天然气 CH_4,确保产物中的 CH_4 含量达到合格要求,该反应过程要求催化剂具有良好的低温催化性能。因此开发具有良好低温催化活性同时具有高温稳定性的甲烷化催化剂具有重要意义。此外,目前我国有多个在建或者拟建的煤制天然气项目,然而其工艺与催化剂均采用国外技术,耗资巨大,因此,开发具有自主知识产权的高效甲烷化催化剂是非常必要的。

1.2 煤制天然气工艺分析

煤制天然气技术主要有直接法和间接法两种不同的工艺路线。直接法是原料煤经催化气化反应后获取高含量 CH_4 的合成气(CO 和 H_2),该工艺具有流程短、生产投资成本低等优点,但其催化气化反应过程较为复杂、产品气纯度较低,因此后续产品气的精制处理将需要耗费较多能量。间接法是指原料煤通过气化反应获取合成气（CO 和 H_2）,经合成气变化和气体净化,再通过甲烷化反应得到高纯度 CH_4,从而得到合格甲烷产品。目前,世界煤制天然气工业化装置全部采用间接法生产,直接法尚没有工业化运行装置。

　　煤制天然气间接法工艺流程如图 1-1 所示,该工艺流程由 4 个主要部分构成,分别为煤气化、变换、气体净化和甲烷化,其中煤气化与甲烷化部分为煤制天然气工艺的两大核心技术,目前煤气化技术已相当成熟,因此工业化的关键在于甲烷化技术。多年来国内外的研究者一直致力于绝热固定床甲烷化工艺的研究,目前国际上技术较为成熟并推广应用的代表性工业化的绝热固定床甲烷化工艺主要有 Lurgi 工艺、TREMP™工艺以及 Davy 工艺。

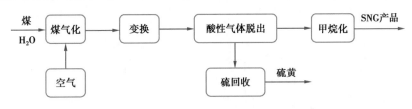

图 1-1　煤制天然气间接法工艺流程图

1.2.1　Lurgi 甲烷化工艺

　　20 世纪 70 年代,作为煤制天然气行业的先行者,鲁奇公司（Lurgi）对煤气化制备合成天然气工艺进行试验研究,经过半工业化试验厂运行试验,成功产出合格天然气,开发出了绝热固定床中低温甲烷化工艺。采用该工艺,鲁奇公司于 1984 年在美国北达科他州东部大平原建立了大型化工业装置——美国大平原 Dakota （Great Plains Synfuels Plant, GPSP）[4],至今已成功运行 30 多年,积累了丰富的实践经验与操作数据,成为世界首套以煤为原料大规模生产合成天然气的商业化装置。在实际生产中,装置采用褐煤为气化原料煤,气化后所得合成气中 H_2/CO 为 3,设计合成天然气日生产量为 $3.54 \times 10^6 \ m^3$,其热值为 $3.750 \ 4 \times 10^7 \ J/m^3$。

典型的鲁奇甲烷化工艺采用 3 台绝热固定床反应器,如图 1-2 所示。前面 2 台反应器通常以串并联方式连接,被称为主甲烷化反应装置,一般在较高温度下完成 CO 甲烷化反应使其转变成产品 CH_4。最后一个反应器主要针对前面主甲烷化反应装置中未参与反应的原料气 CO 进行低温甲烷化反应,再次转变成产品 CH_4,确保产物中 CH_4 含量达到合格要求,该反应器又称为补充甲烷化反应器。主甲烷化反应器 1 出口温度高达 650 ℃,主甲烷化反应器 2 出口温度为 500~600 ℃,通过在主反应器出口设置废锅来回收甲烷化过程释放的热量。鲁奇甲烷化工艺最初采用 BASF 公司提供的催化剂,后改用 Davy 公司的催化剂。

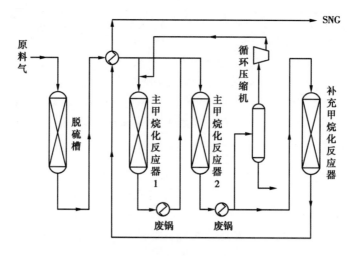

图 1-2　鲁奇甲烷化工艺流程图[5]

鲁奇甲烷化工艺特点有:

①采用循环气控制反应器入口温度,防止催化剂积碳。

②生产运营成本低,转化率高,可操作性强,单线生产能力大,产品质量高。

③经过几十年的工业化稳定性运行试验,积累了丰富的数据和实践经验,技术成熟可靠。

1.2.2　TREMP™甲烷化循环工艺

托普索公司(Haldor Topsoe)自从 20 世纪 70 年代后期一直致力于煤制天然气技术的研究,并成功开发出甲烷化循环工艺技术[6]。该技术具有丰富的操作经验并在不同规模中试装置上得到验证,其在真实工业条件下生产合成天然气的能力为 200~2 000 m^3/h。

TREMP™甲烷化循环工艺流程如图 1-3 所示。该工艺主要由 4 台绝热反应器组成,且两个高温反应器之间采用串并联方式进行连接。在主甲烷化反应器前设有脱硫器,以除去原料气中含硫化合物等,避免主甲烷反应器中的 Ni 基催化剂中毒。在所有甲烷化技术中,TREMP™工艺具有最高的反应器出口温度(第一主甲烷化反应器),高达 675 ℃,通过在其反应器上设置循环管线,采用部分气体循环方式控制该反应器出口温度。较高的反应器出口温度有助于降低气体循环量,同时减少了设备尺寸,从而可节约设备投资。此外,较高的出口温度产生的过热蒸汽可推动汽轮机,降低生产过程中的能耗。TREMP™工艺采用配套的 MCR-2X 甲烷化催化剂,可在较宽温度范围内(250~675 ℃)适用,从而可有效利用反应过程产生的余热,降低生产过程中的能耗。

TREMP™甲烷化循环工艺特点如下[7]:

①具有较强的单线生产能力。其单线合成天然气的生产能力为(10~20)×$10^4 m^3/h$。

②余热回收率高。反应过程中 93%的释放热量均以过热蒸汽的形式得以回收,而其余约为 3%的释放热量则用以加热锅炉补给水。

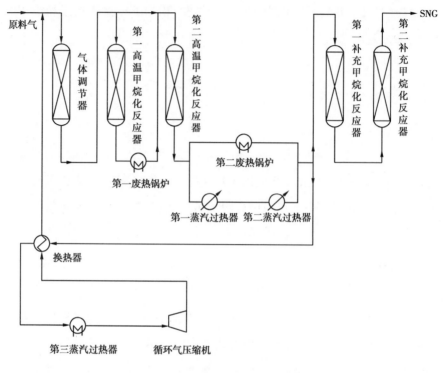

图 1-3　TREMP^{TM}甲烷化工艺流程[6]

③产品质量高。该工艺生产的合成天然气中杂质较少,CH$_4$ 含量较高 (94%~96%),其对应的热值高达(3.726~3.810)×10^7 J/m^3,满足天然气管道输送的标准要求。

④催化剂适用范围较宽,甲烷化活性高,稳定性好,副反应少,循环气量低,仅为其他甲烷化技术的 10%,节约能耗与投资成本。

1.2.3　Davy 甲烷化工艺

20 世纪 60 年代末英国天燃气公司（BG 公司）开发了 CRG 技术,并于 70 年代初将其应用于石脑油等廉价燃料制取低热值城市煤气。在英国,采用 CRG 催化剂,BG 公司投产和运行了多个煤气生产装置。70 年代末至 80

年代初,BG 公司研发出了与 CRG 催化剂配套的甲烷化工艺,可将煤气炉产生的合成气(CO 和 H_2)在甲烷化作用下转变成替代天然气,以弥补天然气的不足。20 世纪 80 年代中期,CRG 催化剂开始应用在世界唯一的煤制天然气商业化装置上(美国大平原 Dakota 煤制天然气装置),其多年运行结果表明 CRG 催化剂可适用在大规模工业化的煤制天然气装置上。20 世纪 90 年代末,Davy 公司获得了基于 CRG 催化剂的甲烷化工艺技术的转让许可权,并进一步对其催化剂和技术进行研究,研发出高性能催化剂 CRG-LH,并在全球范围内推广应用[8,9]。

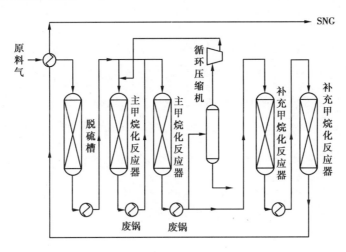

图 1-4 Davy 甲烷化工艺流程图[5]

Davy 甲烷化工艺流程如图 1-4 所示。原料气经脱硫预处理后进入甲烷化反应装置,避免 CRG 催化剂中的 Ni 中毒。该工艺的甲烷化反应装置共有 4 个反应器,前两个反应器完成了甲烷化反应的主要过程,称为主甲烷化反应器,出口温度高达 600 ℃。后两个反应器将前面主反应器中未反应的原料 CO 再次进行甲烷化反应使之转变为产品 CH_4,因而称为补充甲烷化反应器。两个主甲烷化反应器之间以串并联方式连接,并通过设置循环部分原料气的方式控制第一主甲烷化反应器的升温过程,同时也可带走部分甲烷化反应释放的热量。此外,反应后产生的过热蒸汽可采用废锅或者换热器换热方式回收利用,提高热效率。

Davy 甲烷化工艺特点如下:

①该工艺操作简单灵活,技术成熟,单线生产能力高达 $2×10^5 m^3/h$。

②该技术采用配套的 CRG 催化剂,并在美国大平原 DaKota 煤制天然气装置实现工业化应用。

③在较宽温度范围内(250~700 ℃),CRG 催化剂可保持良好的催化稳定性。

④原料气中的 CO 和 H_2 在催化剂的作用下可直接转化成产品 CH_4,无须调节 H/C 比。

⑤甲烷化反应过程中产生的余热以高压过热蒸汽的形式存在,其具有较高的热效率,单位 1 000 m^3 甲烷可副产 3.1 t 的高压过热蒸汽。

⑥甲烷化过程反应压力高达 3.0~6.0 MPa,可有效减少反应设备体积。

⑦产品中杂质较少,CH_4 含量较高为 94%~98%(体积百分含量),高位发热量超过 $3.559×10^7 J/m^3$,符合我国天然气用气标准,可直接输送至天然气网。

1.3　CO 甲烷化反应

Sabatier 和 Senderns 于 1902 年发现在 Ni 基催化剂上 CO 发生催化加氢反应可制取 CH_4,自此之后,甲烷化反应在多个领域推广应用。最初 CO 甲烷化反应主要用于合成氨工业[10],除去少量的 CO,避免其毒害合成氨催化剂。随后推广至富 H_2 燃料电池行业中少量 CO 的去除[11],防止 Pt 电极中毒。20 世纪 70 年代,由于石油危机,人们开始关注 CO 甲烷化技术,低热值煤气中 CO 通过甲烷化反应可制备替代天然气[4]。

CO 甲烷化反应主要是指 CO 和 H_2 按照一定比例在一定温度、压力条件下经催化甲烷化反应转变成 CH_4 和 H_2O。在甲烷化反应过程中,主要涉及如下反应[4,12]:

$$CO+3H_2 \longrightarrow CH_4+H_2O \qquad -206.4 \text{ kJ/mol} \qquad (1-1)$$

$$CO_2+4H_2 \longrightarrow CH_4+2H_2O \qquad -164.9 \text{ kJ/mol} \qquad (1-2)$$

$$CO+H_2O \longrightarrow CO_2+H_2 \qquad -171.7 \text{ kJ/mol} \qquad (1-3)$$

$$2CO \longrightarrow C+CO_2 \qquad -41.3 \text{ kJ/mol} \qquad (1-4)$$

$$CH_4 \longrightarrow C+2H_2 \qquad +73.7 \text{ kJ/mol} \qquad (1-5)$$

其中,反应(1-1)和(1-2)是甲烷化过程中的主要反应,可知甲烷化反应为强放热过程。每 1% 的 CO 转变为 CH_4 时,反应体系的绝热温升为 70 ℃[13]。经煤气化过程产生的合成气一般 CO 含量较高,故合成气 CO 甲烷化反应过程中将产生大量反应热,因此所用催化剂应具有良好的耐高温性能,同时还应及时移走反应热以保持甲烷化反应在适宜的温度进行。反应式(1-3)为水煤气变换反应,在高温反应过程中导致副产物 CO_2 的产生。反应式(1-4)和式(1-5)为甲烷化反应过程中主要的积碳反应,分别对应于 CO 歧化反应和 CH_4 分解反应。CH_4 分解反应是高温反应条件下引起催化剂积碳的主要原因,而 CO 歧化反应则是在低温条件下导致催化剂积碳的主要原因[14]。一般在合成气中含有的水蒸气或增加反应气中 H/C 比可有效抑制催化剂表面积碳产生[14]。

表 1-1 为 CO 甲烷化过程中不同反应温度下的热力学数据,很明显,在温度 27~727 ℃反应过程中吉布斯自由能 ΔG 均为负值。从热力学角度看,CO 甲烷化反应在较宽温度范围内完全可行,且低温有利于 CO 甲烷化反应进行,因此在该反应过程中,需要选择合适的甲烷化催化剂,使其维持在一定的反应速率条件下进行。同时从表中可看出,自由能 ΔG 和反应平衡常数 $\log K_p$ 受温度影响较大,而反应热在 300~1 000 K 变化较小。从动力学角度看,提高反应温度可增加反应过程中的活化分子数,从而提高反应速率。依

据动力学与热力学,基于甲烷化反应为放热的缩体反应,因此提高反应体系压力或者降低反应温度均有利于反应正向进行,从而增加 CO 转化率,产生更多 CH₄。然而在实际操作中,当反应温度低于 200 ℃时,活性金属 Ni 与 CO 反应形成挥发性的羰基镍,引起活性金属 Ni 大量流失,而反应温度的升高将导致反应逆向进行,降低 CO 转化率与催化活性,因此适宜的甲烷化反应温度应高于 250 ℃,这也要求急需开发具有良好低温催化性能,同时具有高温催化稳定性的甲烷化催化剂。此外,压力的提高有助于产生更多 CH₄,但较高反应压力将会显著增加生产投资费用,因此在保持催化剂具有良好的催化性能的同时,选用较低反应压力可有效降低生产成本。

表 1-1　CO 甲烷化反应热力学常数[15]

温度/℃	$\Delta H/(\text{kJ} \cdot \text{mol}^{-1})$	$\Delta G/(\text{kJ} \cdot \text{mol}^{-1})$	$\log K_p$
27	−205.88	−158.44	27.59
127	−210.33	−141.94	18.54
227	−214.24	−124.38	12.99
327	−217.51	−106.08	9.24
427	−220.17	−87.29	6.51
527	−222.27	−68.16	4.45
627	−223.88	−48.80	2.83
727	−225.05	−29.27	1.53

1.4　CO 甲烷化机理研究

　　CO 甲烷化是煤制天然气技术的关键反应步骤,为了深入研究其反应过程,目前为止,国内外大量研究者在实验与理论计算方面展开了广泛研究,但至今尚未达成一致意见。总体来说,CO 甲烷化反应机理主要涉及表面碳机理[16]、变换-甲烷化机理以及次甲基理论[17],其中表面碳机理是目前比较认可的一种甲烷化反应机理。该机理对 CO 催化加氢反应过程具有很好的解释[18]。其具体步骤为:

(1)CO 在催化剂表面的吸附与脱附

CO 吸附在催化剂表面上,通过歧化反应转变成表面碳物种 Cs 和表面氧物种 Os,而在脱附过程中,吸附的 CO 与表面氧物种 Os 结合后以 CO_2 的形式脱附,其反应机理见表 1-2。

(2)表面碳物种与 H_2 的活化反应

在 Ni 基催化剂上,相比于吸附态 CO,表面碳物种具有较高的催化活性,可为流动的 H_2 提供反应活性中心,产生 CH_4。其反应过程见表 1-2。

表 1-2　表面碳机理反应过程[18]

步骤 1	步骤 2
$CO(g)+s \longrightarrow CO(s)$	$H_2(g)+2s \longrightarrow 2H(s)$
$CO(s)+s \longrightarrow CO(2s)$	$H(s)+O(s) \longrightarrow OH(s)+s$
$CO(2s) \longrightarrow C(s)+O(s)$	$OH(s)+H(s) \longrightarrow H_2O(g)+s$
$CO(2s)+O(s) \longrightarrow CO_2(s)+2s$	$H_2O(s) \longrightarrow H_2O(s)+s$
$CO_2(s) \longrightarrow CO_2(g)+s$	$H(s)+C(s) \longrightarrow CH(s)+s$
—	$CH(s)+H(s) \longrightarrow CH_2(s)+s$
—	—
—	$CH_4(s) \longrightarrow CH_4(g)+s$

由以上表面碳反应机理可知,在 Ni 基催化剂表面上,吸附的 CO 仅提供一个反应活性中心,C-O 键的断裂为其反应过程的速控步骤。

1.5 CO 甲烷化催化剂研究

自从 1902 年 Sabatier 和 Senderens 发现 CO 与 H_2 在 Ni 基催化剂上转变成 CH_4, CO 甲烷化反应便受到世界各国研究者的关注。作为煤制合成天然气的核心技术之一, CO 甲烷化反应的关键在于甲烷化催化剂的开发与利用。然而由于甲烷化反应是强放热反应, 且合成气中 CO 浓度较高, 在 CO 甲烷化过程中催化剂常因烧结、积碳而导致其催化活性下降, 甚至失活[19]。因此, 开发在低温条件下具有较高催化活性、高温条件下具有优异稳定性的 CO 甲烷化催化剂是十分必要的。近年来, 国内外研究人员对于 CO 甲烷化催化剂做了大量研究, 归纳起来主要从催化剂活性组分、载体和助剂等方面展开研究。

1.5.1 活性组分

最早由 Sabatier 等提出活性金属 Ni 具有 CO 甲烷化催化活性, 后来扩展至其他金属, 这些活性金属主要分布在元素周期表中的第Ⅷ、ⅠB 以及ⅥB族, 见表 1-3。20 世纪 20 年代, Fischer 和 Tropsch 等[20]研究对比了多种非负载金属组分在 800 ℃以下甲烷化催化活性, 给出金属表面上的活性顺序为 Ru>Ir>Rh>Ni>Co>Os>Pt>Fe>Mo>Pd>Ag, 然而, 在该活性评价过程中, 并未考察金属活性比表面对甲烷化催化性能的影响。Yaccato 等[21]在常压、300~400 ℃的条件下对含有 Ru、Ir、Rh、Ni、Co 等活性金属组分的甲烷化催化剂进行研究, 其对应的活性大小顺序为 Ru>Ir>Rh>Ni>Co>Os>Pt>Fe>Mo>Pd>Ag, 并与 Vannice 的研究结果一致[22]。Takenaka 等[23]合成了基于 SiO_2 载体的不同活性金属负载型催化剂,并对其进行了 CO 甲烷化活性评价,活性顺序依次为 Ru>Co>Ni>Fe>Pd>Pt,具体如图 1-5 所示。Mill 和 Steffgen 等[15]对 Ru、Ni、Co、Fe、Mo 等几种工业常用的金属元素进行研究,其对应的甲烷化活性结果为 Ru>Fe>Ni>Co,选择性结果为 Ni>Co>Fe>Ru。

表 1-3　来源于元素周期表中适宜甲烷化的活性组分（阴影标记）

I B	ⅦB	Ⅷ			I B
^{24}Cr	^{25}Mn	^{26}Fe	^{27}Co	^{28}Ni	^{29}Cu
^{42}Mo	^{43}Tc	^{44}Ru	^{45}Rh	^{46}Pd	^{47}Ag
^{74}W	^{75}Re	^{76}Os	^{77}Ir	^{78}Pt	^{79}Au

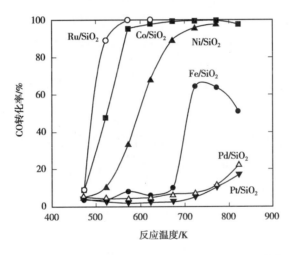

图 1-5　基于 SiO_2 负载不同活性金属的 CO 转化率[23]

在这些热点研究的活性金属组分中,Ru 基催化剂[24]在低温下具有较高的 CO 甲烷化催化活性,因而在低温 CO 甲烷化反应中视为理想的催化材料,但由于 Ru 元素储量有限,价格昂贵,在工业生产中应用较少[25]。Fe 基催化剂由于原料来源广泛,价格便宜,于 20 世纪 50 年代成为研究热点并在工业生产中推广应用,但 Fe 基催化剂反应条件较为苛刻,需要在高温高压下操作,反应过程中较易积碳,导致催化活性与选择性较低,且产物中有液态烃生成[26]，分离困难，因此在后续的研究中逐渐被其他甲烷化活性金属取代。Co 基催化剂在甲烷化反应过程中表现出良好的低温催化性能，但其选择性较差，产物中含有 C2 等烃类化合物[27]，且易于积碳，因此在煤制合成天然气工业生产中应用较少。Ni 基催化剂在 CO 甲烷化反应过程中表现出较高催化活性与稳定性[28]，且价格便宜，操作简单、易于控制，但易发生 S 中毒，导致催化剂失活。然而在实际工业生产中，原料气一般先进行脱硫预处理而后再引入甲烷化反应器进行反应，因此，综合考虑 Ni 基催化剂的价格与活性，无论是在实验室研究还是在商业化工业生产中，Ni 基催化剂都是极受欢迎的甲烷化催化剂。

1.5.2 载体

（1）单一载体

在 CO 甲烷化反应过程中，载体对催化剂的机械强度、热稳定及催化性能具有重要影响。常用的载体主要有 Al_2O_3、SiO_2、ZrO_2 和 TiO_2 等。Takenaka 等[23]研究了不同金属氧化物上 Ni 和 Ru 基催化剂的 CO 甲烷化催化性能，在相同的反应条件下，以 Ni 为活性组分的活性顺序为 $Ni/ZrO_2 >$ $Ni/TiO_2 > Ni/SiO_2 > Ni/MgO > Ni/Al_2O_3$；以 Ru 为活性组分的活性顺序为 $Ru/MgO>Ru/Al_2O_3>Ru/SiO_2>Ru/ZrO_2>Ru/TiO_2$。由此可知，载体对 CO 甲烷化催化性能具有重要的影响。

Al_2O_3 是一种工业生产过程中常用催化载体，其中 γ-Al_2O_3 具有多孔、大比表面，因此在 CO 甲烷化过程中应用也较为普遍。γ-Al_2O_3 提供的 Al^{3+} 和 O^{2-}，易与 NiO 中的 Ni^{2+} 与 O^{2-} 成键，从而增强载体与活性金属 Ni 之间相互作用，促进 Ni 粒子的高分散，防止 Ni 晶粒聚集长大，有利于较小 Ni 晶粒形成。然而，Ni 负载 Al_2O_3 催化剂高温焙烧后易形成 $NiAl_2O_4$，具有较强的金属载体相互作用,导致还原性能下降。此外,高温环境将会导致 γ-Al_2O_3 形貌结构、比表面积及其晶相发生改变[29],从而转变成 α-Al_2O_3,引起催化活性下降。γ-Al_2O_3 载体表面具有酸性,在合成气甲烷化过程中易于引起催化剂表面积碳,同时也可导致催化剂的烧结,引起催化剂失活[30]。为改善 γ-Al_2O_3 载体结构稳定性,广大研究者通常采取添加助剂[31],以及改进制备方法[32]等措施。

SiO_2 具有大比表面积,有利于活性金属的分散,在 CO 甲烷化反应也被广泛应用。Shi 等[33]对 Ni/SiO_2 进行了 CO 甲烷化性能研究,由于其形成了较小粒径的 Ni 粒子且分散度较高,因此表现出较高催化性能。Fujita 等[34]制备了 SiO_2 负载 Ni 基催化剂,结果表明相比 CO_2 甲烷化反应,Ni/SiO_2 在 CO 甲烷化反应中表现出较高的催化活性。然而,由于 SiO_2 载体比较惰性,机械强度较弱,且活性金属组分与载体之间作用力较弱,在强放热 CO 甲烷化过程中极易发生粒子聚集,降低催化性能,甚至失活。Liu 等[35]通过采用等离子体技术制备 Ni/SiO_2 催化剂,增强了 Ni 与 SiO_2 之间的相互作用力,促进高分散,小粒径 Ni 粒子的形成,不仅提高了 Ni/SiO_2 在 CO 甲烷化反应过程中的催化活性,而且抑制了 Ni 粒子聚集烧结,改善其稳定性能。

TiO_2 是一种 N 型半导体,以 TiO_2 为载体的催化剂可形成较强的金属-载体相互作用,影响其催化性能。Shinde 等[36]采用超声技术制备了 Ni/TiO_2,由于 Ni 部分插入至 TiO_2 的晶格中从而产生氧空穴,促进 H_2 吸附以及 Ni 至载体 TiO_2 的 H_2 溢流,有利于活性金属 Ni 的分散,改善其催化性能,而较强的 Ni 与载体之间的相互作用可阻止催化剂表面碳沉积。由于价格较高,催化性能有待核实,因此限制了 TiO_2 的大规模工业化应用。

ZrO_2 与 TiO_2 类似,同属于 N 型半导体结构,利用活性金属组分与载体 ZrO_2 之间的电子传递,可促进催化剂表面原料气的吸附,提高其催化性能。Silva 等[37]制备了 Ni/ZrO_2 催化剂,促进了 CO 在催化剂表面吸附,增强了 H_2 溢流作用,从而在 CO 甲烷化反应过程中表现出较高催化性能。然而,在高温甲烷化反应过程中,以 ZrO_2 为载体的催化剂常发生烧结聚集,且 ZrO_2 载体晶型易于改变,影响催化性能。

（2）复合载体

由于单一载体在结构或者性能方面的不足,广大研究者展开对复合载体的研究,弥补单一载体的缺陷,更好发挥载体的性能。Zhan 等[38]研究发现,复合载体 TiO_2-Al_2O_3 比单一载体 TiO_2 或 Al_2O_3 负载的 Ni 基催化剂具有更好的 CO 甲烷化催化性能,适量的 TiO_2 的添加可改善金属载体之间相互作用,从而有效阻止 Ni-Al 尖晶石的产生,提高催化性能。Wang 等[28]采用浸渍法制备了 Ni/ZrO_2-SiO_2 催化剂,对比 Ni/SiO_2,复合载体催化剂中形成了 Si-O-Zr 键,增加了 ZrO_2-SiO_2 酸强度,增强了 Ni 与载体之间的相互作用,提高了活性金属 Ni 分散性,促进小粒径 Ni 粒子形成,从而改善 CO 甲烷化催化性能。Guo 等[39]研究证实,在复合载体 ZrO_2-Al_2O_3 中,ZrO_2 的添加弱化了 Ni 与 ZrO_2-Al_2O_3 之间的相互作用力,可有效阻止 $NiAl_2O_4$ 尖晶石的形成,改善还原度,增加催化表面活性位,进而提高 CO 甲烷化催化性能。以上研究结果表明,相比单一载体负载催化剂,复合载体负载催化剂在 CO 甲烷化反应过程中表现出更优异催化性能。

（3）新材料载体

除了常用载体外,研究者还开发了一些新型载体并将其引入 CO 甲烷化领域中,表现出优异的催化性能。Yu 等[40]以 SiC 为载体采用溶胶-凝胶法制备了 Ni 基催化剂,对比 Ni/TiO_2,在 CO 甲烷化过程中表现出优异的催化活性与良好的稳定性,解决了催化剂表面 Ni 粒子烧结失活问题,明显优于商业 TiO_2 负载的 Ni 基催化剂。Wang 等[41]制备了钙钛矿型负载的 Ni-Fe 催化剂,在 CO 甲烷化反应过程中表现出较优异的催化性能,CO 转化率超过 80% （$T_{反应温度}$ =400 ℃）。Yang 等[42]将酸处理后的黏土用作载体,并对其进行了

CO 甲烷化研究,结果表明载体表面 Ni 物种的状态和分散度与酸处理黏土载体的孔结构密切相关,且载体中的介孔结构有利于活性 Ni 物种的形成,并缓解了碳沉积,改善催化稳定性。Zhang 等[43]考察了介孔分子筛 MCM-41 负载的 Ni 基催化剂,与 Ni/Al$_2$O$_3$ 和 Ni/SiO$_2$ 相比,在 CO 甲烷化反应中 Ni/MCM-41 表现出更优异的催化性能,在 1.5 MPa、350 ℃及 12 000 mL/(g·h)空速条件下,原料 CO 几乎全部转化,CH$_4$ 选择性高达 95%,并且在 100 h 稳定性测试中,Ni/MCM-41 催化活性几乎不变且无 Ni 粒子烧结,表现出良好的稳定性,而 Ni/Al$_2$O$_3$ 和 Ni/SiO$_2$ 催化性能均有明显下降。Tao 等[44]采用浸渍法制备了 Ni/SBA-15,表现优异的 CO 甲烷化催化性能,300 ℃时其转化率为100%,CH$_4$ 选择性为 95%。

1.5.3　助剂

助剂本身并未表现出催化活性,但可通过调变催化剂中活性组分与载体之间相互作用、活性金属分散度、载体表面的酸碱性以及电子分布状况[45],进而影响催化活性与稳定性。在 CO 甲烷化过程中,添加的助剂主要有以下几类:稀土金属氧化物、过渡金属氧化物、碱土金属氧化物以及碱金属氧化物等。

(1)稀土金属氧化物

稀土金属氧化物多为晶格缺陷助剂,如 La$_2$O$_3$、CeO$_2$ 等,在 CO 甲烷化反应过程中添加适量可提高活性金属分散度,改善金属与载体之间的相互作用,减小晶粒尺寸,增加活性中心,进而提高催化活性与抗烧结和抗积碳性能。Tada 等[46]采用共浸渍法制备了 Ru-La/TiO$_2$,结果表明助剂 La 的添加能够显著改善 CO 甲烷化催化活性与稳定性,其原因可能是 La 的添加增强了活性金属 Ru 表面的电子密度,从而削弱了 C-O 键键合能力,提高催化活性。康慧敏等[47]对 La 改性的 CO 甲烷化催化剂进行研究,结果表明,La 的添加能够有效抑制 Ni 粒子在高温反应过程中长大,促进活性金属 Ni 在催化表面上高分散,从而有利于提高催化活性与稳定性能。此外,助剂 La 的添加能够影响 Ni 的电子效应,增强活性金属 Ni 周围的电子云密度,削弱吸附 CO 中的 C-O 键,促进 CO 解离,加速其甲烷化速率,提高 CH_4 产率。Xavier 等[48]发现适量的 CeO_2 添加至 NiO/Al_2O_3 可明显改善 CO 甲烷化催化性能,其原因归属为助剂 Ce 与活性 Ni 之间可产生电子效应,电子给予体 CeO_2 提供电子至 Ni 的 3d 轨道,从而增强 Ni 的供电子能力,削弱了 C-O 键,促进 CO 解离成表面碳活性物种后加氢转变成 CH_4;另外,CeO_2 通过氧化还原过程能够存储与释放氧,并稳定载体 Al_2O_3,防止催化剂烧结,提高催化稳定性能。

(2)过渡金属氧化物

过渡金属含未充满的 d 轨道,因此充当助剂时表现出特殊的性能。Zhang 等[49]研究发现电子供体的 MoO_3 可转移电子至 Ni 的未充满 3d 轨道,改善 Ni 的电子密度,从而增强 Ni-C-O 中的 Ni-C 键,削弱 C-O 键,促进 CO 的解离,改善 CO 甲烷化催化性能。Kustov 等[50]考察了 Fe 改性的 Ni 基催化剂,结果表明 Fe 的加入明显改善了 CO 甲烷化性能,而且当 Ni、Fe 含量相同时,CO 转化率与选择性最佳。Li 等[51]发现 V 物种可通过氧化还原循环过程引起 V^{3+} 至 V^{4+} 化合价的变化,从而激发电子转移,改善活性 Ni 周围电子云密度,加速 CO 解离,提高 CO 甲烷化催化活性。Zhao 等[52]采用浸渍法制备了 $Ni-Mn/Al_2O_3$ 催化剂,结果表明,Mn 与 Ni 之间形成协同效应,提高催化剂表面 Ni 分散度,改善 COx 甲烷化反应的催化活性与稳定性。

(3)碱土与碱金属氧化物

碱土与碱金属氧化物具有良好的导热性能,在 CO 甲烷化反应中常作为结构助剂,其中 MgO 是目前报道较多的一种。研究表明,MgO 的添加可有效抑制反应过程中 Ni 颗粒聚集长大。由于 MgO 与 NiO 的离子半径相近,晶格相同,因此将 MgO 与 Al_2O_3 按照一定比例混合后易形成 MgAl 尖晶石[53],在反应过程中表现出较高的热稳定性。此外,MgO 具有碱性性质,它的加入可使催化剂的酸性表面呈现碱性,因此可抑制反应过程中积碳的发生,提高催化稳定性。Zielinski 等[54]揭示了 K 的添加能够削弱 Ni-C-O 中间体的 C-O 键,提高 CO 甲烷化催化性能。胡常伟等[55]发现,适量 Na 可削弱 Ni 与 Al 之间的相互作用,并改变载体表面的性能,从而提高 Ni 的分散度,改善 CO 甲烷化催化活性;而过量 Na 将会增强金属载体相互作用或引起 Ni 粒子自身积聚,导致催化性能降低。

1.6　介孔分子筛在催化中的应用

　　介孔分子筛因具有比表面积大、热稳定性好以及对活性金属具有良好的分散作用等优点,是一种很有应用前景的催化载体材料。近年来,研究者采用介孔 SiO_2 作为载体制备 Ni 基催化剂用于甲烷化、甲烷重整或者其他催化反应,表现出良好的催化活性与稳定性。Zhang 等[43]研究发现,对比 Ni/Al_2O_3 和 Ni/SiO_2,Ni/MCM-41 具有更好的 CO 甲烷化催化活性,在1.5 MPa、350 ℃及空速 12 000 mL/(g·h)条件下,其 CH_4 选择性达到95%,CO 转化率接近 100%。添加 Mo 后改性制备 Ni-Mo/MCM-41 催化剂,结果表明,Mo 的添加提高了 CO 甲烷化低温活性[56]。Bian 等[57]以 SBA-16 为载体制备 Ni 基催化剂,并采用氨基改性介孔分子筛 SBA-16,改性后制备的 Ni 基催化剂在 CO 甲烷化过程中表现出优异的催化活性,并在 100 h 稳定性测试中表现出良好的催化稳定性。Tao 等[44]采用浸渍法制备了 Ni 负载 SBA-15 催化剂,并考察了不同的溶剂对 CO 甲烷化催化活性与稳定性的影响,结果表明,乙醇作为溶剂可降低溶剂的极性,增强金属与载体之间的相互作用,从而改善 Ni 在载体表面的分散度,提高催化性能。Liu 等[58]采用"一锅煮"制备了 NiO/SBA-15 催化剂,与传统浸渍法相比,具有更高的 Ni 分散性,在 CO_2 甲烷化过程中表现出较高的催化活性,并在高温 50 h 稳定性测试中具有优异的抗烧结与抗积碳性能。Liu 等[59]制备了 Ni-KIT-6 催化剂用于 CO_2 甲烷重整,由于 KIT-6 具有独特的介孔结构以及 Ni 粒子的高分散性,从而改善其催化活性与稳定性。Guo 等[60]以 KIT-6 与 SBA-15 为载体制备 Ni 基催化剂,在 CO_2 甲烷重整反应中,KIT-6 负载的 Ni 基催化剂表现出较优异的催化稳定性,归结于其具有独特的立方介孔结构,在反应过程中促进反应分子的扩散。Xia 等[61]研究了 3La97Mn/KIT-6 与 3La97Mn/MCM-41 在 700~850 ℃的热煤气脱硫性质,结果表明,KIT-6 能够有效阻止 Mn_2O_3 粒子的聚集,从而表现出更好的脱硫性能与稳定性。

以有序介孔分子筛为载体制备的催化剂表现出优异的催化性能,因此将有序介孔分子筛应用至合成天然气领域,对于改善催化活性、解决抗积碳与烧结问题具有重要意义。

1.7 本书研究意义及主要内容

中国能源特点是"多煤、少油、缺气",在未来很长一段时间内,煤炭在我国的一次能源消费中仍然占据主导地位,其消费量占据能源总量的一半。天然气作为一种清洁高效的能源,随着经济的快速增长、城镇建设的加快以及"煤改气"的实施,国内天然气消费需求旺盛,导致供需矛盾加剧,只能依靠进口天然气弥补缺口,增加了我国天然气对外依存度。因此,依托我国丰富的煤炭资源,大力发展煤制天然气技术,不仅符合清洁能源低碳化路线,同时确保充足的天然气供应。煤制天然气技术的关键是甲烷化工艺,然而甲烷化工艺中一般采用高温与中低温甲烷化反应器相结合的方式,使高温甲烷化反应器中由于受热力学因素影响未参与反应的原料气在中低温反应器中实现原料气的完全转化。因此,这就对甲烷化催化剂提出了更高的要求,不仅在低温下具有优异的催化活性,同时在较高温度下应具有良好的催化稳定性。目前,甲烷化催化剂常采用 Al_2O_3 作为载体,然而在强放热的反应过程中,这些催化剂仍然面临着较低催化性能与较差稳定性能等问题,因此,急需开发同时具有优异低温催化活性与良好高温稳定性的甲烷化催化材料。

介孔分子筛因具有比表面积大、热稳定性好以及对活性金属具有良好的分散作用等优点,是一种很有应用前景的甲烷化催化剂载体。近年来,研究者们采用介孔 SiO_2 作为载体制备 Ni 基催化剂用于 CO 甲烷化反应,表现出良好的催化活性和稳定性。虽然介孔 SiO_2 分子筛作为甲烷化催化剂载体具有广阔应用前景,然而如何有效地负载活性金属 Ni 至介孔载体上以及如何改性制备高活性兼具高稳定性的甲烷化催化剂仍然是一个巨大的挑战。

针对以上探讨,本著作研究工作有以下几方面:

①以 KIT-6 为载体制备 Ni 基催化剂,并与常用载体 Al_2O_3 对比,研究 CO 甲烷化催化性能;考察乙二醇(EG)改性法、后嫁接法、直接合成法等不同制备方法,对 Ni 粒子分散度、H_2 吸附量以及金属载体之间相互作用影响,并重点探讨催化剂结构与催化性能之间的构效关系。

②基于载体 KIT-6,合成 (V, Ce, La, Mn) 助剂改性的 Ni 基催化剂,考察 (V, Ce, La, Mn) 添加对催化剂结构和 CO 甲烷化催化性能的影响,并采用多种表征手段对催化剂的微观结构研究,建立催化结构与催化性能的内在关联。

③对 V 改性催化剂的 Ni(111) 晶面进行 DFT 计算,探讨 V 物种对 Ni(111) 晶面 CO 吸附的作用规律,深入了解 V 添加对 CO 甲烷化性能影响。

④以具有最佳助剂效应的 Ni 基催化剂为研究对象,考察 V 与 Ni 含量对催化剂结构和催化性能的影响,并探究不同反应温度、还原温度、空速以及 H_2/CO 比等工艺条件对 CO 甲烷化催化性能的影响。

第 2 章　载体与制备方法对 CO 甲烷化催化性能影响

2.1　引言

　　Ni 基催化剂具有较高催化活性、相对适宜的价格,因而在甲烷化反应中得到广泛应用[62]。作为 Ni 基催化剂的载体原料,Al_2O_3[63]、SiO_2[64]、CeO_2[65]以及 TiO_2[36]等在 CO 甲烷化反应中被广泛研究,然而在较高的反应温度条件下,Ni 粒子在这些载体原料表面极易发生聚集,降低催化活性和稳定性。因此,急需开发一种具有优良性能的材料作为 Ni 基甲烷化催化剂的载体。近年来,研究者们采用介孔 SiO_2 作为载体制备 Ni 基催化剂用于 CO 甲烷化反应,表现出良好的催化活性和稳定性,像 SBA-15[44]、SBA-16[57]以及 MCM-41[43]等。虽然这些 Ni 基催化剂具有良好的催化性能,然而如何有效地将 Ni 粒子固定到这些介孔分子筛的载体上仍旧是一个棘手的问题。作为一种双连通三维孔道结构的新型介孔分子筛,KIT-6 具有较大比表面积和孔体积,有助于产生更多的活性位点,从而改善催化性能。目前为止,将活性金属 Ni

负载到立方介孔分子筛 KIT-6 用于 CO 甲烷化的研究还没有报道。此外,催化剂的制备方法对 Ni 基催化剂的催化性能也具有重要的影响。Lv 等[57]通过采用乙二醇改性 SiO_2 载体,降低了形成 Ni 粒子煅烧温度,从而改善金属载体之间的相互作用,提高催化性能。Liu 等[58]采用"一锅煮"制备了 NiO/SBA-15 催化剂,与传统浸渍法相比,具有更高的 Ni 分散性,在 CO_2 甲烷化过程中表现出较高的催化活性,并在高温 50 h 稳定性测试中具有优异的抗烧结与抗积碳性能。Zhang 等采用水热合成法制备了 Ni-MCM-41 催化剂用于 CO 甲烷化研究,测试结果表明,活性金属 Ni 与载体 MCM-41 之间的强相互作用阻碍了催化剂的烧结[43]。然而,不同的制备方法是如何影响立方介孔 KIT-6 负载 Ni 基催化剂的 CO 甲烷化催化性能?

本章以立方介孔分子筛 KIT-6 为载体,采用不同的制备方法合成 Ni/KIT-6,运用 N_2 吸附-脱附、XRD、TEM、EDX、H_2-TPR 和 H_2-TPD 等手段表征载体与催化剂结构,并评价其催化活性与稳定性,进一步探讨催化性能与载体结构及其制备方法之间的关系。

2.2　实验部分

2.2.1　实验原料与器材

实验过程中所用到的试剂列于表 2-1。所有的试剂在使用之前均未进行预处理。

表 2-1　第 2 章实验所用主要药品试剂

药品名称	分子式	规格	生产厂家
正硅酸四乙酯	$C_8H_2O_8Si$	AR，500 mL	国药集团
P123	$H(OCH_2CH_2)_x$ $(OCH_2CHCH_3)_y$ $(OCH_2CH_2)_zOH$	250 mL	Sigma-Aldrich
正丁醇	$C_4H_{10}O_2$	AR，500 mL	国药集团
盐酸	HCl	35%，500 mL	国药集团
硝酸镍	$Ni(NO_3)_2 \cdot 6H_2O$	AR，500 g	国药集团
尿素	$(NH_2)_2CO$	AR，500 g	国药集团
无水乙醇	C_2H_6O	AR，500 mL	国药集团
氧化铝（TH100）	Al_2O_3	500 g	Sasol
乙二醇	$C_2H_6O_2$	CP，500 mL	国药集团
氨水	$NH_3 \cdot H_2O$	GR，500 mL	国药集团
蒸馏水	H_2O	—	自制
柠檬酸	$C_6H_8O_7$	99.5%，500 g	国药集团

在实验制备过程中用到的主要实验仪器列于表 2-2。

表 2-2　实验所用主要仪器

名称	型号	生产厂家
真空干燥箱	DFZ-6020	上海索谱仪器有限公司
数显六联磁力加热搅拌器	CJJ-6S	金坛市大地自动化仪器厂
超声波清洗器	HN1006	广州市华南超声设备有限公司
循环水真空泵	SHZ-D（Ⅲ）	巩义市予华仪器有限责任公司
电热恒温干燥箱	DH-2ST-9147A	上海精宏实验设备有限公司
电子天平	BSA124S-CW	赛多利斯科学仪器（北京）有限公司
马弗炉	KSL-1200X	合肥科晶材料技术有限公司
管式炉	GSL-1100X	合肥科晶材料技术有限公司
玻璃仪器气流干燥器	KQ-C	巩义市予华仪器有限责任公司
智能数显恒温水浴锅	HH-S2	巩义市予华仪器有限责任公司
水热反应釜	100 mL	烟台松岭化工设备有限公司
真空泵	XZ-2 型	临海市谭氏真空设备有限公司

2.2.2　催化剂制备

（1）载体 KIT-6 制备

称取 6 g P$_{123}$ 模板剂溶于 216 mL 蒸馏水中，并置于 35 ℃水浴中加热搅拌，同时加入 10.0 mL 36%的稀盐酸溶液，保持加热搅拌 2 h 后加入 7.5 mL 正丁醇，继续加热搅拌 2 h，然后滴入正硅酸四乙酯，保持搅拌 24 h 后转移至 100 mL 带有内衬的水热反应釜中，于 100 ℃下晶化 24 h。经过滤洗涤干燥后，于 550 ℃下焙烧去除模板剂后得到白色固体粉末，即为介孔分子筛 KIT-6。

（2）采用乙二醇（EG）改性制备 Ni/KIT-6 催化剂

取适量载体 KIT-6，在室温条件下使用乙二醇预处理 1 h，之后放入 100 ℃的干燥箱过夜干燥得到乙二醇（EG）改性的 KIT-6。而后将其浸渍于一定浓度的硝酸镍溶液中，使 NiO 的负载量为 10wt%，并于 60 ℃水浴中加热搅拌过夜后转移至真空干燥箱保持 2 h，然后在 100 ℃的条件下继续干燥过夜。干燥后的样品于 550 ℃下煅烧 4 h 后得到 EG 改性载体 KIT-6 负载 Ni 基催化剂，命名为"Ni/KIT-6（EG）"。为了进行实验对比，采用相同的载体预处理及催化剂制备方法，以商用 Al$_2$O$_3$ 为载体合成了 NiO 负载量为 10wt%的 Ni 基催化剂，并命名为 Ni/Al$_2$O$_3$（EG）。

（3）直接合成法制备 Ni/KIT-6 催化剂

称取 6 g P$_{123}$ 模板剂溶于 216 mL 蒸馏水中，并置于 35 ℃水浴中加热搅拌，同时加入 10.0 mL 36%的稀盐酸溶液，保持加热搅拌 2 h 后加入 7.5 mL 正丁醇，继续加热搅拌 2 h，然后滴入正硅酸四乙酯与适量硝酸镍溶液，保持搅拌 24 h 后转移至 100 mL 带有内衬的水热反应釜中,于 100 ℃下晶化 24 h。经过滤洗涤干燥后,于 550 ℃下焙烧去除模板剂后得到 NiO 含量为 10wt% 的固体粉末,并命名为"Ni/KIT-6(DS)"。

(4)嫁接法制备 Ni/KIT-6 催化剂

称取计算量的 Ni(NO$_3$)$_2$·6H$_2$O 溶于 10 mL 去蒸馏水中,加入适量尿素使其与 Ni 的摩尔比为 3∶1,室温下搅拌溶解后缓慢加入载体 KIT-6,混合均匀后转移至 60 ℃的水浴继续加热搅拌 2 h。之后将获得的浆状液转移至带有内衬的水热反应釜中,并于 100 ℃晶化 6 h。晶化后所得产物经过滤洗涤干燥后在 550 ℃下煅烧 4 h 后得目标产物,并命名为"Ni/KIT-6(PS)"。

(5)传统浸渍法制备 Ni/KIT-6 催化剂

称取一定量的载体 KIT-6 将其浸渍于一定浓度的硝酸镍溶液中,使 NiO 的负载量为 10wt%,并于 60 ℃水浴中加热搅拌过夜后转移至真空干燥箱保持 2 h,然后在 100 ℃的条件下继续干燥过夜。干燥后的样品于 550 ℃下煅烧 4 h 后得到 KIT-6 负载 Ni 基催化剂,命名为"Ni/KIT-6(IWP)"。

2.2.3 催化剂表征

(1)N$_2$ 吸附-脱附测试

N$_2$ 吸附-脱附测试可用于判断多孔材料的结构特征,像材料的孔容、孔径以及比表面积等。采用 Micromeritics Tristar Ⅱ 3 000 比表面积吸附仪在 −196 ℃的液氮中测试样品的比表面等性能参数。测试前称量 200 mg 催化剂样品,借助漏斗状的容器转移至样品管,轻轻摇匀使其铺满整个样品管底部。通入氮气后缓慢升温至 300 ℃保持 4 h,以除去样品中的吸附水蒸气及其挥发性的杂质。然后冷却至室温并转移至比表面吸附仪进行 N_2 吸附-脱附测试,同时记录测试结果。依据脱附分支采用 Barret-Joyner-Hallender(BJH)模型计算样品的孔径分布,采用 Brunauer-Emmett-Teller(BET)方法计算样品的比表面积。

（2）X-射线衍射分析（XRD）

采用 Rigaku D/MAX-2500 衍射仪借助 Cu Kα 射线源,在 40 kV 工作电压和 40 mA 工作电流的条件下对样品进行小角与广角 XRD 测试。采用 0.02°/s 扫描速度扫描 2θ 范围为 1.2°~5° 即可获得小角 XRD 衍射图,采用 0.13°/s 扫描速度和 10°~80° 的扫描范围可得广角 XRD 衍射图。样品 Ni 晶粒大小采用 Debye-Scherrer 公式进行计算,具体描述为:

$$D = K\lambda/(B - B_0)\cos\theta \tag{2-1}$$

式中　D——Ni 晶粒直径;

　　　K——Scherrer 常数（W.L.Bragg 推导的 K 值为 0.89,Scherrer 获得的 K 值为 0.94,一般情况下 K 取 0.9）;

　　　θ——衍射角,单位是°;

　　　λ——入射 X 射线波长（$\lambda = 1.540\ 56$Å）;

　　　B_0——无宽化时较大晶粒的半高宽;

　　　B——样品本身衍射线的积分半高宽,值得注意的是 $B-B_0$ 的单位是弧度,rad。

（3）透射电镜（TEM）

采用 Philips TECNAI G2F20 透射电镜（TEM）表征样品表面活性金属组分形成颗粒大小以及分散状态。测试前取少量待测样品分散至乙醇中并超声一段时间,以确保金属粒子达到高度分散状态。采用洁净的胶头滴管吸取少量悬浮液逐滴缓慢滴入覆盖碳膜的铜网上,借助红外灯干燥后,转移至仪器操作台上选取含样品的视野进行观察。此外,在同样的操作条件下可同时获得能谱分析(EDX)图谱,对样品中所含元素进行定性分析。

(4) H_2-程序升温还原(H_2-TPR)

采用美国公司 Micromeritics 生产的 AutoChem 2910 型化学吸附仪对样品的还原性能进行研究。称取样品 50 mg 置入 U 形反应管中,以 10 ℃/min 升温速率在 Ar 气中升温至 200 ℃,保持 30 min 以除去样品中吸附的水分与其他挥发性的气氛,然后在 Ar 气中冷却至室温,转换至 30 mL/min 的 H_2/Ar 气以 10 ℃/min 升温至 800 ℃,同时加入冰水浴,尾气冷凝分离后进入 TCD 检测系统,并给出 H_2-TPR 图谱。

(5) H_2-程序升温脱附(H_2-TPD)

H_2-TPD 表征是在美国公司 Micromeritics 生产的 AutoChem 2910 型化学吸附仪上进行的。称取 50 mg 40~60 目的样品装载于 U 形石英反应管,在 Ar 流保护下以 10 ℃/min 升温至 550 ℃,切换至 30 mL/min 的 H_2/Ar 气在线还原 2 h 后降温至 50 ℃,转换至 Ar 气并在 Ar 流中吹扫 30 min 以除去弱吸附的 H_2。之后以 10 ℃/min 升温至 800 ℃,并在线检测消耗 H_2 量,可得 H_2-TPD 图谱。假设 H/Ni = 1∶1,H_2-TPD 的积分峰面积采用标准 CuO 样品的 H_2-TPR 进行校正,基于 H_2-TPD 可以计算活性金属 Ni 的分散度,其计算公式如下:

$$D(\%) = \frac{2 \times V_{ad} \times M \times SF}{m \times P \times V_m \times d_r} \times 100 \quad (2\text{-}2)$$

式中　D——Ni 的分散度;

　　　V_{ad}——在标准温度压力下化学吸附 H_2 的体积,单位为 mL;

　　　m——待测样品的质量,单位为 g;

　　　M——Ni 的摩尔质量,58.69 g/mol;

SF——当量因子,一般取数值为 1(在 H_2-TPD 测试中 H/Ni = 1∶1);

P——样品中 Ni 的质量百分含量,单位为 wt%;

V_m——标准温度压力下 H_2 的摩尔体积,22 414 mL/mol;

d_r——催化剂表面活性金属 Ni 的还原度,可通过 H_2-TPR 测定。

(6)热重分析(TGA)

采用 Libra 热重分析仪对样品进行 TGA 测试,根据不同温度下样品增/失重峰可判断反应后样品的积碳状况。采用 Jupiter44F93 测试 TGA/DSC 曲线,可对样品的热分解过程进行分析。取少量待测样品放入样品池中,在热重分析仪精密的称量器上称量,所用样品含量以填满样品池体积的 1/3~2/3 为准。在 30 mL/min 空气与 N_2 气中以 10 ℃/min 升温至目标温度,运行 TGA/DSC 测试并记录数据。

2.2.4 催化剂活性评价

(1)CO 甲烷化活性评价装置

CO 甲烷化活性评价是在连续固定床反应装置上完成的,如图 2-1 所示。该装置主要由气路系统、流量控制系统、反应系统、气体冷凝系统、产物分析及记录系统等组成。原料气分别通过质量流量计后以精准的流量进入气体混合器,再转入固定床反应器进行反应,反应后的气体经冷凝器冷凝分离后流入在线气相色谱进行分析,并记录测试结果。

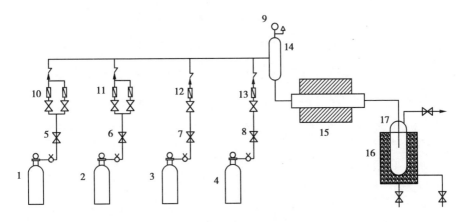

图 2-1　催化剂活性评价装置流程图

1—CO_2 气体;2—CH_4 气体;3—H_2 气体;4—N_2 气体;5—CO_2 开关阀门;6—CH_4 阀门;
7—H_2 阀门;8—N_2 阀门;9—混合气体阀门;10—CO_2 质量流量计;11—CH_4 质量流量计;
12—H_2 质量流量计;13—N_2 质量流量计;14—混合器;15—反应器;16—冰洛;17—冷凝器

(2)CO 甲烷化活性评价

1)催化剂装填

采用内径为 6 mm 的固定床反应器对催化剂进行 CO 甲烷化活性评价。焙烧后催化剂经压片、研磨,筛分成粒径 40~60 目的催化剂颗粒,称取适量装入石英反应管的恒温区,并插入 K-16 型热电偶检测催化剂床层的温度。

2)催化剂还原与活性评价

催化剂床层在 N_2 中升温至 550 ℃,待床层温度稳定后,切换气体为 30 mL/min 的 H_2,并保持 550 ℃下还原 2 h。然后切换至 N_2 并降温至反应温度,通入摩尔比为 $H_2:CO:N_2=3:1:1$ 的反应气,在常压下进行 CO 甲烷化活性评价。

3)产物分析

反应稳定后,经冷凝除水后气相产物进入气相色谱 GC-SP2100,采用 TDX-01 碳分子筛柱子和 TCD 热导检测器对尾气组成进行在线分析,尾气产

物中主要有 CO_2、CO、N_2、CH_4、H_2，采用面积归一法分析对应组分含量。气相色谱在线分析的条件为：TDX-01 碳分子筛柱子；TCD 热导检测器（工作状态设定温度为 110 ℃）；进样室温度设定为 110 ℃，柱温 80 ℃；流速为 20 mL/min 的氩气作载气。

CO 转化率、产物的选择性与收率采用公式(2-3)—(2-5)进行计算：

$$X_{CO}(\%) = \frac{(V_{CO,in} - V_{CO,out}) \times 100\%}{V_{CO,in}} \qquad (2-3)$$

$$S_{CH_4}(\%) = \frac{V_{CH_4,out} \times 100\%}{V_{CO,in} - V_{CO,out}} \qquad (2-4)$$

$$Y_{CH_4}(\%) = \frac{V_{CH_4,out} \times 100\%}{V_{CO,in}} \qquad (2-5)$$

其中，X 代表反应物 CO 转化率，S 代表产物甲烷选择性，Y 代表产物甲烷的产率。

2.3 不同载体对 CO 甲烷化性能影响

Ni/Al_2O_3(EG) 与 Ni/KIT-6(EG) 的 CO 甲烷化活性评价是在连续固定床反应器上进行的，其评价条件是：H_2：CO：N_2 = 3：1：1（摩尔比），反应温度为 250~550 ℃，反应压力为 0.1 MPa，空速为 60 000 mL/(g·h)，测试结果如图 2-2、图 2-3 以及图 2-4 所示。图 2-2 描述了反应温度对 CO 转化率的影响。很明显，在较低操作温度下，由于动力学因素，Ni/Al_2O_3(EG) 和 Ni/KIT-6(EG) 的 CO 转化率随温度的增加逐渐增大，于 450 ℃ 达到峰值，约为 96%，之后随温度的增加其转化率呈现缓慢下降趋势。从图 2-3 可以看出，当反应温度低于 400 ℃，Ni/Al_2O_3(EG) 和 Ni/KIT-6(EG) 的 CH_4 选择性随温度的增加呈现下降趋势,当温度高于 400 ℃时,Ni/Al$_2$O$_3$(EG)的 CH$_4$ 选择性基本不变,而 Ni/KIT-6(EG)的 CH$_4$ 选择性呈现上升趋势,表明立方介孔 KIT-6 作为载体能够促进产物 CH$_4$ 的运输与扩散,有助于 CH$_4$ 选择性的提高。然而,在 CO 甲烷化反应过程中常常会伴随一些副反应的发生,如水煤气变换反应 (CO+H$_2$O $\rightarrow$ CO$_2$+H$_2$)、Boudouard 反应(2CO $\rightarrow$ CO$_2$+C)、逆二氧化碳甲烷重整反应(2CO+2H$_2$ $\rightarrow$ CO$_2$+CH$_4$)[66],导致副产物 CO$_2$ 的产生,因此,Ni/KIT-6(EG)的 CH$_4$ 选择性仍然小于 100%,450 ℃为 77%。结合本实验评价结果,可知在整个反应温度范围内,Ni/KIT-6(EG)的 CH$_4$ 产率始终高于 Ni/Al$_2$O$_3$(EG)的产率,表明 Ni/KIT-6(EG)具有更好的 CO 甲烷化催化性能。

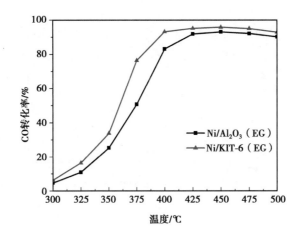

图 2-2　不同载体负载 Ni 基催化剂的 CO 转化率

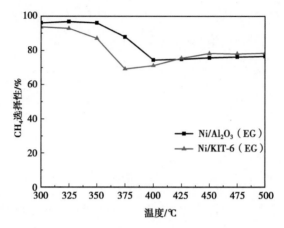

图 2-3 不同载体负载 Ni 基催化剂的 CH_4 选择性

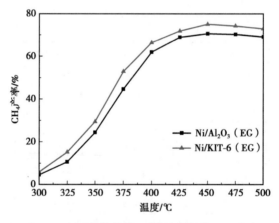

图 2-4 不同载体负载 Ni 基催化剂的 CH_4 产率

2.4 不同制备方法对 CO 甲烷化活性的影响

采用不同制备方法合成了 3 种催化剂, Ni/KIT-6(EG)、Ni/KIT-6(PS) 和 Ni/KIT-6(DS), 并在固定床反应器上评价其 CO 甲烷化催化性能。如图 2-5—图 2-7 所示, 在 3 种不同的催化剂中, Ni/KIT-6(EG) 具有最好的催化性能, 在 450 ℃, 原料气 CO 的绝大部分转化, 其 CH_4 产率高达 75%, 明显高于文

献 报 道 的 高 效 催 化 剂 Si-Ni/SiO$_2$ 的 催 化 性 能[67]（ 在 常 压、450 ℃、45 000 mL/(g·h)空速下,CO 转化率约为 85%,CH$_4$ 选择性低于 60%）。对比之下,Ni/KIT-6(DS)具有最差的 CO 甲烷化催化性能,在高温 500 ℃,其最大 CO 转化率仅为 87%,而对应的 CH$_4$ 产率却低至 63%。值得关注的一点是,与 Ni/KIT-6(DS)相比,虽然 Ni/KIT-6(PS)在 CO 甲烷化反应过程中表现出较好的催化性能,但对比 Ni/KIT-6(EG),其催化性能仍然较差。总之,将活性金属 Ni 负载至 KIT-6 上制备的 Ni 基催化剂,与 Ni 负载 Al$_2$O$_3$ 催化剂相比,具有较高催化性能;相比后嫁接法与直接合成法,乙二醇改性制备的 Ni/KIT-6 因具有较高 Ni 粒子分散性,表现出较高 CO 转化率与 CH$_4$ 产率。

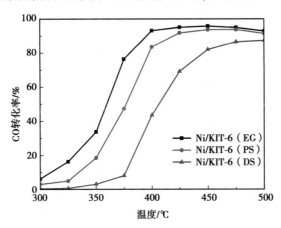

图 2-5　不同制备方法对 Ni/KIT-6 的 CO 甲烷化 CO 转化率的影响

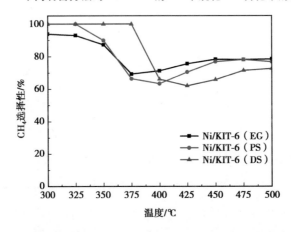

图 2-6　不同制备方法对 Ni/KIT-6 的 CO 甲烷化 CH$_4$ 选择性的影响

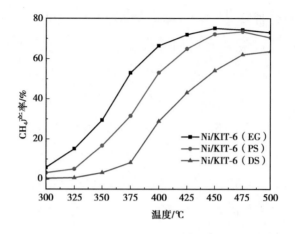

图 2-7　不同制备方法对 Ni/KIT-6 的 CO 甲烷化 CH$_4$ 产率的影响

2.5　催化剂表征

2.5.1　N$_2$ 吸附-脱附测试

采用 N$_2$ 吸附-脱附技术对 Ni 基催化剂的孔容、孔径及比表面积等物理性质进行研究,表征结果如图 2-8—图 2-11 所示。从图 2-8 和图 2-10 中可以看出,KIT-6 和 Ni/KIT-6(EG)的 N$_2$ 吸附-脱附曲线属于典型的 Ⅳ 型等温线并带有 H1 回滞环[68],表明具有较大管状包含物(channel-like)结构的孔径形成。同样从图中可以看出,由于毛细管冷凝作用,KIT-6 和 Ni/KIT-6(EG)的 N$_2$ 吸附-脱附曲线在相对压强 P/P_0 为 0.6~0.8 时 N$_2$ 吸附量急剧增加,表明活性金属 Ni 负载之后,Ni/KIT-6(EG)仍然保持着良好的立方介孔孔道结构。对比之下,Ni/Al$_2$O$_3$(EG)展示了典型的 Ⅳ 型吸附等温线和 H4 回滞环,表明该催化剂具有典型的介孔材料特性[68]。从图 2-10 可以看出,KIT-6 和 Ni/KIT-6(EG)的孔径分布为单孔径模型,对应于 6.5 nm 孔径,而在 Ni/KIT-6(PS)和 Ni/KIT-6(DS)的孔径分布图(图 2-11)中可观察到两种不同类型孔径,对应于小孔径为 3.7 nm/3.7 nm,大孔径为 7.5 nm/30 nm。这可能是由于活性金属 Ni 引入至立方介孔 KIT-6 中并未均匀分布从而导致孔径部分堵塞形成小孔径,然而活性金属 Ni 掺杂至介孔 Si 的骨架后易引起立方介孔结构部分破坏从而导致较大孔径的形成,不利于活性金属 Ni 的高分散,导致其催化性能下降。

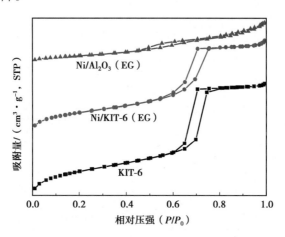

图 2-8　KIT-6、Ni/KIT-6(EG)和 Ni/Al$_2$O$_3$(EG)的 N$_2$ 吸附-脱附曲线

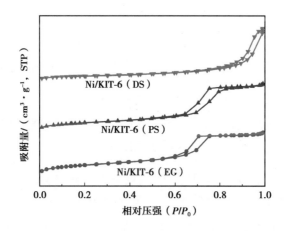

图 2-9　Ni/KIT-6(EG)、Ni/KIT-6(PS)和 Ni/KIT-6(DS)的 N$_2$ 吸附-脱附曲线

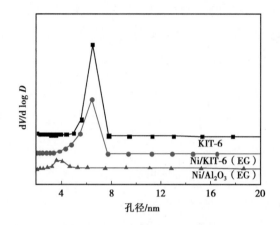

图 2-10　KIT-6、Ni/KIT-6(EG) 和 Ni/Al$_2$O$_3$(EG) 的孔径分布曲线

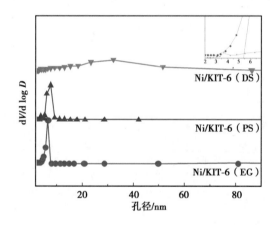

图 2-11　Ni/KIT-6(EG)、Ni/KIT-6(PS) 和 Ni/KIT-6(DS) 的孔径分布曲线

　　表 2-3 为载体和催化剂的物化性质。由表 2-3 可知,载体 KIT-6 的平均孔径、比表面积和孔体积分别为 5.84 nm、723 m^2/g 和 1.07 cm^3/g,而活性金属 Ni 负载之后,对应的比表面积和孔体积明显下降。值得注意的是,Ni/Al$_2$O$_3$(EG) 拥有最小的比表面积和孔体积,分别为 187 m^2/g 和 0.36 cm^3/g。同样观察到,与 KIT-6 相比,Ni/KIT-6(EG) 具有更小的孔径尺寸,表明活性金属 Ni 成功引入立方介孔 KIT-6 的孔径内,促进高分散小粒径 Ni 纳米粒子形成,改善 CO 甲烷化催化性能。在 Ni/KIT-6(PS)、Ni/KIT-6(DS) 和 Ni/KIT-6(EG) 的 3 种不同催化剂中,Ni/KIT-6(EG) 具有最大的比表面积为

551.3 m^2/g,能够促进活性金属的分散,提高催化性能。

表 2-3　载体 KIT-6 和催化剂的物理化学性质

催化剂	比表面积[a] /(m^2 · g^{-1})	孔体积[b] /(cm^3 · g^{-1})	平均粒径[c] /nm	Ni 粒子大小 /nm (d_{Ni})[d]	Ni 粒子大小 /nm (d_{Ni})[e]	吸附 H$_2$ /(μmol · g^{-1})	分散度[f] /%
KIT-6	723	1.07	5.84	—	—	—	—
Ni/Al$_2$O$_3$(EG)	187	0.36	5.76	—	6.0	93.5	13.9
Ni/KIT-6(EG)	551	0.86	5.77	2.4	<5	106.0	15.8
Ni/KIT-6(PS)	424	0.91	6.97	3.2	—	99.8	14.9
Ni/KIT-6(DS)	240	0.97	16.06	2.7	—	62.5	9.3

a 基于 BET 等温式计算的比表面积;

b 在 $P/P_0 = 0.97$ 通过 N$_2$ 吸附获得孔体积;

c 采用吸附曲线依据 BJH 方法计算平均孔径;

d 采用德拜-谢乐公式计算 Ni(111)平面上的粒子大小;

e 基于 Ni(200)平面计算的粒子大小;

f 依据 H$_2$-TPR 和 H$_2$-TPD 计算 Ni 物种的分散度。

2.5.2　TEM 与 EDX 表征

图 2-12 为 KIT-6 与催化剂的 TEM 图。在 KIT-6 的 TEM 图中(图 2-12a 和 b),可清晰地观察到高度有序的立方介孔孔道结构特征,这与小角 XRD 衍射图中(211)与(220)晶面也是对应的。图 2-12b 和 c 描述了 KIT-6 和 Ni/ KIT-6(EG)具有明显的 channel-like 孔道结构,且其孔径大小分别为5.84和 5.77 nm(结合表 2-3),表明载体 KIT-6 和催化剂 Ni/KIT-6(EG)具有较大的 channel-like 结构的孔径形成,与 N$_2$ 吸附脱附测试结果是一致的。从 Ni/ KIT-6(EG)的 TEM 图(图 2-12c)上也可以观察到,较小粒径的 Ni 粒子均匀

分散至 KIT-6 的立方介孔孔道里,表明了活性金属 Ni 的负载并没有破坏 KIT-6 的立方介孔孔道结构。相比之下,在 Ni/Al$_2$O$_3$(EG)的 TEM 图上,可明显观察到 Ni 粒子的聚集,导致其具有较低的催化性能。

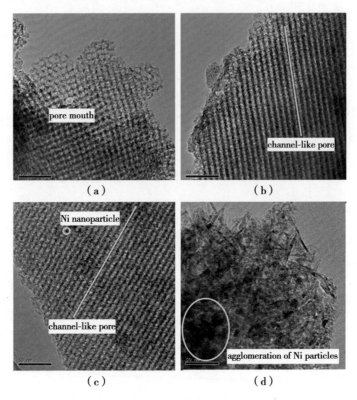

图 2-12　KIT-6 与催化剂的 TEM 图

(a)(b)KIT-6;(c)Ni/KIT-6(EG);(d)Ni/Al$_2$O$_3$(EG)

图 2-13 为 Ni/KIT-6(EG)的 EDX 图。由图 2-13 可知,Ni/KIT-6(EG)的 EDX 图谱上具有明显的 Ni、Si 和 O 特征衍射峰,表明元素 Ni、Si 和 O 已被成功引入载体 KIT-6 的立方孔道结构中,这也与活性金属 Ni 的高分散性是一致的,促进其 CO 甲烷化催化性能改善。

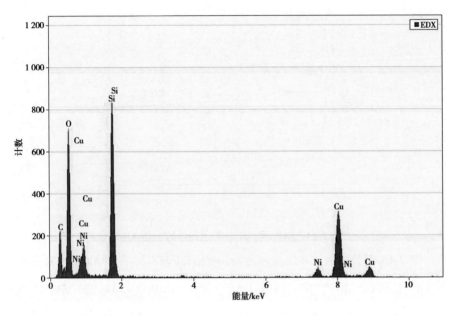

图 2-13　Ni/KIT-6(EG) 的 EDX 图谱

2.5.3　XRD 测试

　　图 2-14 为 KIT-6 和还原态的 Ni/KIT-6(EG) 的小角 XRD 衍射图。很明显,KIT-6 的小角 XRD 衍射图在 2θ 为 $0.97°$ 展示了一个明显的衍射峰,同时伴随一个肩峰($2\theta = 1.10°$),分别归属为(211)和(220)晶面,表明 KIT-6 具有 Ia3d 立方群的立方介孔孔道结构特征,这与文献报道的结果也是一致的[69]。此外,KIT-6 和 Ni/KIT-6(EG) 具有类似的 XRD 特征峰,反映了活性金属 Ni 负载后载体的立方介孔结构仍然保持良好。在 CO 甲烷化反应过程中,KIT-6 的立方孔道结构有助于反应气相混合物扩散和转移,从而有利于 Ni 基催化剂甲烷化催化性能的提高。

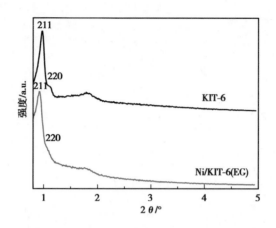

图 2-14　KIT-6 和 Ni/KIT-6(EG) 的小角 XRD

图 2-15 为载体 KIT-6 以及还原后 Ni/KIT-6(EG) 与 Ni/Al$_2$O$_3$(EG) 的广角 XRD 衍射图。由图可知,Ni/KIT-6(EG) 和 Ni/Al$_2$O$_3$(EG) 的广角 XRD 衍射图在 2θ 为 44.3°、51.8°和 76.4°时呈现 3 种 Ni 粒子特征衍射峰[70],分别归属为面心立方 Ni 的(111)、(200)和(220)平面(JCPDS,No.65-2865)。相对于 Ni/Al$_2$O$_3$(EG),Ni/KIT-6(EG) 的 Ni 粒子衍射峰强度相对较弱,表明活性金属 Ni 高分散在 3D 介孔 KIT-6 上,形成较小的 Ni 纳米粒子,有助于反应过程中产生更多 Ni 活性位,改善 CO 甲烷化催化性能。采用谢乐方程计算催化剂表面 Ni 粒子大小,结果列于表 2-3 中。由表可知,在 Ni/KIT-6(EG) 上面形成的 Ni 粒子粒径明显小于 Ni/Al$_2$O$_3$(EG) 上所形成的 Ni 粒子粒径,表明 KIT-6 的立方介孔孔道结构对 Ni 粒子粒径具有重要影响,与 N$_2$ 吸附-脱附测试结果一致。此外,KIT-6 和 Ni/KIT-6(EG) 的广角 XRD 衍射图在 2θ 为 15°~30°范围内均展示了 2 个较大宽峰,归属于无定型 SiO$_2$ 的存在。

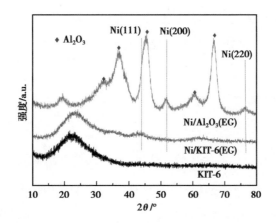

图 2-15　KIT-6、Ni/KIT-6(EG) 和 Ni/Al$_2$O$_3$(EG) 的广角 XRD

如图 2-16 所示,Ni/KIT-6(PS) 和 Ni/KIT-6(DS) 的广角 XRD 展示了相似的 Ni 粒子特征衍射峰,但其峰强度比 Ni/KIT-6(EG) 稍为尖锐,反映了活性金属 Ni 在催化剂 Ni/KIT-6(EG) 上面分散更好,对应于 Ni/KIT-6(EG) 在 CO 甲烷化反应过程中具有更高的催化性能。由表 2-3 可知,在催化剂 Ni/KIT-6(EG) 上形成 Ni 粒子粒径为 2.4 nm,而 Ni/KIT-6(PS) 和 Ni/KIT-6(DS) 分别拥有 3.2 nm 和 2.7 nm 的 Ni 粒子,可知采用 EG 改性方法制备的 Ni 基催化剂具有更小的

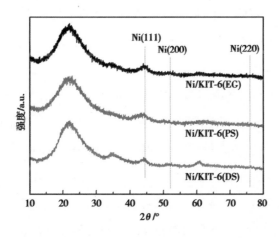

图 2-16　Ni/KIT-6(EG)、Ni/KIT-6(PS) 和 Ni/KIT-6(DS) 的广角 XRD

Ni 粒子形成,其原因可能是乙二醇的添加有助于 Ni^{2+} 均匀分散进入载体 KIT-6 的立方介孔孔道里,并进一步将其稳定在孔道结构里,阻止活性 Ni 物种在高温煅烧与还原过程中聚集烧结,改善载体的 3D 介孔的限制效应。

2.5.4　H_2-TPR 测试

采用 H_2-TPR 对样品的还原性能进行研究,测试结果如图 2-17 所示。很明显,载体 KIT-6 的 H_2-TPR 曲线并未显示任何 H_2 还原峰,表明样品的 H_2-TPR 曲线上所有的耗氢峰源自 NiO 的还原。Ni/KIT-6(EG)的 H_2-TPR 曲线出示了 3 个明显的 NiO 还原峰,分别对应于 α-阶段(低温还原峰)、β-阶段(中温还原峰)以及 γ-阶段(高温还原峰)[71]。300~360 ℃ 的 α-阶段归属为与载体(KIT-6)弱相互作用的 NiO 的还原[72]。β-阶段(400 ℃)代表本体 NiO 的还原,对应于活性金属 Ni 与载体 KIT-6 之间较强相互作用。γ-阶段(522 ℃)归属为活性金属 Ni 与载体 KIT-6 之间的强相互作用,源自硅酸镍与较小 NiO 纳米粒子的形成[73]。显而易见,催化剂的还原行为极易受载体与制备方法的影响。在所有催化剂样品中,Ni/KIT-6(EG)的高温还原峰对应较低还原温度,反映了活性金属 Ni 与载体 KIT-6 之间形成较弱的相互作用,然而适宜的金属载体之间的弱相互作用有助于 NiO 粒子的还原,产生更多的 Ni 活性位,有利于催化性能的改善。对比 Ni/KIT-6(EG),Ni/Al_2O_3(EG)的高温还原峰偏移至更高的温度,表明活性金属 Ni 与载体 Al_2O_3 之间具有较强的相互作用。一般而言,较强的金属载体相互作用有助于在催化剂表面上形成较小的金属粒子,而表 2-3 却显示了在催化剂 Ni/Al_2O_3(EG)上面形成了相对较大的金属 Ni 粒子,表面上看两者所得到的结果似乎矛盾。实际上,载体 KIT-6 可利用其立方介孔孔道结构限制 Ni 纳米粒子在固定的空间,从而促进较小 Ni 纳米粒子的形成,表明了载体的立方介孔结构在控制 Ni 纳米粒子的形成方面起着关键作用。此外,Ni/KIT-6

(PS)和 Ni/KIT-6(DS)具有类似的 H$_2$-TPR 曲线,其相应的低温还原峰强度迅速降低,而高温还原峰强度急剧增强,意味着活性金属 Ni 与载体之间的相互作用增强,促进较小 Ni 纳米粒子的形成,然而其相应的 Ni 纳米粒子的尺寸仍然比 Ni/KIT-6(EG)的大(表 2-3),其原因可能是乙二醇的添加能够促进 Ni^{2+}固定在载体 KIT-6 的立方介孔孔道里,从而有利于较小 Ni 纳米粒子的形成,且在煅烧和还原过程中能够有效阻止 Ni 纳米粒子的聚集烧结,改善催化稳定性。

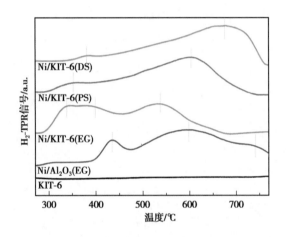

图 2-17　KIT-6 与催化剂的 H$_2$-TPR 图谱

2.5.5　H$_2$-TPD 测试

图 2-18 为测试样品的 H$_2$-TPD 图谱。由图可知,所有催化剂的 H$_2$-TPD 图谱均显示了两个 H$_2$ 脱附峰,分别对应于低于 500 ℃的低温峰与 700 ℃的高温峰。低温峰归属为缺陷 Ni 纳米粒子上一些弱吸附 H$_2$ 的脱附[74],而高温峰为强吸附或者溢流 H$_2$ 的脱附[75],很明显,所有催化剂的高温峰几乎具有相同的峰强度和峰位置。Ni/Al$_2$O$_3$(EG)的 H$_2$-TPD 曲线出现了两个低温峰,分别位于 131 ℃和 395 ℃,而 Ni/KIT-6(EG)的低温峰仅有一个,并转移

至更低的温度(122 ℃),表明活性金属 Ni 高分散在催化剂 Ni/KIT-6(EG)
上,从而改善 CO 甲烷化催化性能。与 Ni/KIT-6(EG)相比,Ni/KIT-6(PS)和
Ni/KIT-6(DS)在低温区具有两个相对较弱的脱附峰,表明了较低的活性金
属 Ni 分散,其原因可能归结于 Ni/KIT-6(PS)和 Ni/KIT-6(DS)具有较低的
比表面积与形成了较大的 Ni 粒子。在所有催化剂中,Ni/KIT-6(EG)具有最
大 H_2 吸附量和最高的 Ni 分散度,分别为 106.0 μmol/g 和 15.8%(表 2-3),这
也与其具有较大的比表面积以及有效的 3D 介孔效应密切相关,并吻合于 N_2
吸附-脱附与 TEM 测试结果,且与活性测试结果一致。

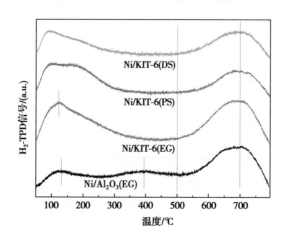

图 2-18　催化剂的 H_2-TPD 图谱

2.6　催化剂稳定性测试

在高温操作条件下,Ni 基催化剂很容易遭受烧结与碳沉积,从而降低其催
化稳定性[39],因此,在寻找高效催化材料的过程中,稳定性测试是非常有必要
的。本工作在常压、500 ℃和 60 000 mL/(g·h)空速条件下对Ni/KIT-6(EG)

进行了 60 h 的 CO 甲烷化稳定评价,测试结果如图 2-19 所示。

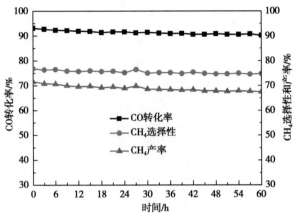

图 2-19　Ni/KIT-6(EG) 的 60 h 稳定性测试

在整个测试过程中,CO 的转化率、CH$_4$ 选择性与收率几乎保持不变,分别维持在 91%、76% 和 70%,表明 Ni/KIT-6(EG) 具有优异的催化稳定性,明显优于 Si-Ni/SiO$_2$(在常压、450 ℃和 48 000 mL/(g·h) 空速条件下,经25 h 稳定评价后 CO 转化率由 90% 降低至 75%,CH$_4$ 选择性维持在 55%)[67]。其原因可能是大量的 Ni 纳米粒子分散至 KIT-6 的立方介孔孔道里,从而有效阻止 Ni 纳米粒子表面烧结与碳沉积,改善其催化稳定性。

从图 2-20 可以看出,在 60 h 稳定性测试后,Ni/KIT-6(EG) 的 TEM 图并未观察到 Ni 粒子的聚集,反映了活性金属 Ni 高分散在载体 KIT-6 的立方介孔孔道里。与新鲜催化剂相比,稳定性测试后 Ni 纳米粒子轻微变大,但仍然很小,3~5 nm。以上观察结果表明 Ni/KIT-6(EG) 具有优异的抗烧结性能。此外,在其 TEM 图上,并未发现沉积碳的存在,说明沉积碳的浓度较低。采用 TGA 曲线对积碳含量进一步分析,相对于新鲜催化剂 Ni/KIT-6(EG),在 Ni/KIT-6(EG)-Spent 表面上的积碳含量轻微增加,表明 Ni/KIT-6(EG) 具有优异抗积碳性能。综上分析可知,在 CO 甲烷化反应过程中,Ni/KIT-6(EG) 具有优异催化稳定性。

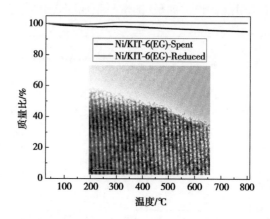

图 2-20　稳定性测试后 Ni/KIT-6(EG) 的 TEM 与 TGA 曲线

2.7　小结

本章考察了不同载体与制备方法对 Ni/KIT-6 的 CO 甲烷化催化性能的影响,并采用 N_2 吸附-脱附、XRD、TEM、EDX、H_2-TPR、H_2-TPD 和 TGA 等对催化剂进行表征。研究结果表明:

①与 Al_2O_3 相比,KIT-6 作为载体表现出更好的 CO 甲烷化催化性能归结于 KIT-6 的双螺旋的立方介孔结构促进高分散较小粒径的 Ni 纳米粒子形成。

②对比 Ni/KIT-6(PS) 和 Ni/KIT-6(DS),Ni/KIT-6(EG) 具有最大的 H_2 吸附量(106 μmol/g)与最高的活性金属 Ni 分散度(15.8%),较强的 NiO 还原能力,有助于反应过程中产生更多的 Ni 活性位,从而表现出最佳的催化性能,CO 转化率接近 100%,CH_4 产率为 75%。

③在高温 60 h 稳定性评价中,Ni/KIT-6(EG) 的 CO 转化率与 CH_4 产率

几乎不变,分别为 91% 和 76%,表明其稳定性良好,其原因可能是大量的 Ni 纳米粒子分散至 KIT-6 的立方介孔孔道里,从而有效阻止 Ni 纳米粒子表面烧结与碳沉积。

第 3 章　助剂(V，Ce，La，Mn)对 CO 甲烷化催化性能影响

3.1　引言

上一章采用不同制备方法合成了 Ni/KIT-6 催化剂,用于 CO 甲烷化生产合成天然气并探究了其催化性能与催化结构之间的关系。结果表明,与直接合成法、后嫁接法相比,采用乙二醇改性制备的 Ni/KIT-6 具有更好催化活性,在 500 ℃的稳定性测试中同样表现出较优异的催化稳定性。然而在常压、450 ℃和 60 000 mL/(g・h)空速的测试条件下,Ni/KIT-6(EG)的 CH$_4$ 产率仅为 75%,因此其在催化性能方面尚有提升空间。如何进一步改善其催化活性、提高 Ni 纳米粒子的抗烧结与抗积碳性能仍然是一个巨大挑战。

助剂在改善活性金属分散度、晶粒大小以及催化剂的稳定性方面发挥着至关重要的作用。因此,通过引入适量助剂来进一步改善催化性能是一项非常有前景的策略。Liu 等[62]采用共浸渍法制备了 Ni-V$_2$O$_3$/Al$_2$O$_3$ 用于 CO 甲烷化研究,结果表明,助剂 V 物种的添加增强了 H$_2$ 的吸附能力并改善

活性金属 Ni 的分散度,从而提高其 CO 甲烷化催化性能。也有报道称[76],在催化剂 Ni/γ-Al$_2$O$_3$里掺杂助剂 Ce 物种可改善 Ni 分散度,形成较小的 Ni 纳米粒子,有助于提高 CO 甲烷化的转化率与收率。Zhi 等[77]研究结果表明 Ni-La/SiC具有较高的催化活性与稳定性,可能是由于助剂 La 物种的添加促进了较小 Ni 纳米粒子的形成,提高了活性金属 Ni 分散度,增强了金属载体之间的相互作用。此外,Mn 助剂的添加能够促进较小 Ni 纳米粒子的形成,有助于改善其催化活性与稳定性[78]。一般而言,CO 甲烷化的速率控制步骤主要与 CH$_x$ 物种的加氢有关[74],而具有高分散性的较小 Ni 纳米粒子能够增加催化剂表面缺陷从而可捕获更多的表面解离氢,进而促进 CH$_x$ 物种加氢转变成燃料气甲烷[79]。基于上述分析,我们期待 V、Ce、La、Mn 助剂掺杂至不同载体材料负载的 Ni 基催化剂在 CO 甲烷化反应过程中表现出类似的角色。目前,3D-介孔 KIT-6 具有较大比表面积、孔体积且包含内部连通的两条螺旋结构[80;81],将其用作催化载体材料有助于产生较多的催化活性位,从而提高其催化性能。然而,目前为止,人们仍然不能完全理解不同的助剂物种是如何影响 3D-介孔 KIT-6 负载的 Ni 基催化剂的催化活性与稳定性。

　　本章工作基于 KIT-6 采用 EG 改性法制备(V，Ce，La，Mn)掺杂的 Ni 基催化剂,探究不同助剂物种对 CO 甲烷化催化活性的影响,并考察 V 改性 Ni 基催化剂的高温稳定性。采用 N$_2$ 吸附-脱附、XRD、H$_2$-TPR、H$_2$-TPD、FT-IR、TEM、EDX 以及 TGA 等对催化剂进行表征,深入研究催化剂结构与催化性能的内在关联。

3.2 实验部分

3.2.1 实验原料与器材

实验过程中所用到的试剂列于表 3-1。所有试剂在使用之前均未进行预处理。

表 3-1　实验所用主要药品试剂

药品名称	分子式	规格	生产厂家
正硅酸四乙酯	$C_8H_2O_8Si$	AR, 500 mL	国药集团
P123	$H(OCH_2CH_2)_x$ $(OCH_2CHCH_3)_y$ $(OCH_2CH_2)_zOH$	250 mL	Sigma-Aldrich
正丁醇	$C_4H_{10}O_2$	AR, 500 mL	国药集团
盐酸	HCl	35%, 500 mL	国药集团
硝酸镍	$Ni(NO_3)_2 \cdot 6H_2O$	AR, 500 g	国药集团
硝酸锰溶液	$Mn(NO_3)_2$	50%, 500 mL	国药集团
硝酸镧	$La(NO_3)_3 \cdot nH_2O$	AR, 25 g	国药集团
硝酸铈(Ⅲ)	$Ce(NO_3)_2 \cdot 6H_2O$	AR, 100 g	国药集团
偏钒酸氨	NH_4VO_3	AR, 100 g	国药集团
无水乙醇	C_2H_6O	AR, 500 mL	国药集团
乙二醇	$C_2H_6O_2$	CP, 500 mL	国药集团
蒸馏水	H_2O	—	自制

在实验制备过程中用到的主要实验仪器与第 2 章相同,见表 2-2。

3.2.2　助剂改性催化剂的制备

称取适量载体 KIT-6 采用 EG 预处理后将其浸渍于一定浓度的硝酸镍与对应的（Mn、Ce、V、La）的助剂溶液中，并使得 NiO 的负载量为 10wt%，对应 MnO_2，CeO_2，V_2O_5，La_2O_3 助剂氧化物的含量为 2wt%。于 60 ℃水浴中加热搅拌过夜后转移至真空干燥箱干燥 2 h，之后转移至 100 ℃的干燥箱继续干燥过夜。最后得到的固体产品在 550 ℃下煅烧 4 h 后得助剂改性的目标产物，并命名为 10Ni-2(Mn、Ce、V、La)/KIT-6。

3.2.3　催化剂表征

催化剂表征中，其中 N_2 吸附-脱附测试、X-射线衍射分析（XRD）、透射电镜（TEM）、H_2-程序升温还原（H_2-TPR）、H_2-程序升温脱附（H_2-TPD）以及热重分析（TGA）均参照第 2 章 2.2.3 内容。

（1）红外光谱仪（FT-IR）

红外光谱主要用于鉴别样品中的化学键及其官能团，测试前，取少量样品与 KBr 混合，在研钵中研磨均匀后，放入压片机在 20 MPa 的压力作用下形成薄片，在傅里叶红外光谱仪中采用 400~4 000 cm^{-1} 的红外波长进行测试，在线记录 FI-IR 红外谱图。

（2）拉曼光谱（Raman Spectra）

拉曼光谱是在英国 Renishaw 公司生产的 inVia 型的拉曼光谱仪上进行测试的。采用波长为 514.5 nm 的 Ar^+ 激发光源在功率为 5 mW 的条件下测试 200~1 400 cm^{-1} 波长范围内的拉曼光谱。

3.2.4　催化剂活性评价

CO 甲烷化活性评价是在连续固定床反应装置上完成的,如第 2 章图2-1 所示。

CO 甲烷化活性评价的操作流程与第 2 章 2.2.4 所述相同。

3.3　（V，Ce，La，Mn）改性 Ni/KIT-6 催化剂的 CO 甲烷化性能

为了进一步探究助剂对催化性能的影响,在常压、60 000 mL/(g·h)空速以及 250~400 ℃温度对 10Ni/KIT-6 和助剂改性的催化剂进行了 CO 甲烷化活性评价,其评价结果如图 3-1—图 3-3 所示。对于未添加助剂的 10Ni/KIT-6,在低温 325 ℃以下,CO 转化率与 CH$_4$ 产率相对较低,当温度升高至 400 ℃,其对应 CO 转化率的最大值仅为 93%（图 3-1 和图 3-3）。与 10Ni/KIT-6 相比,助剂的添加有助于改善低温催化性能,使 CO 转化的热动态平衡转移至低温 325~400 ℃。在整个反应温度范围内,10Ni-2V/KIT-6 表现出最好的催化性能,在低温 350 ℃,其对应最大 CO 转化率和 CH$_4$ 产率分别高达 100% 和 85%。类似地,10Ni-2Ce/KIT-6、10Ni-2La/KIT-6 和 10Ni-2Mn/KIT-6 也表现出较好的催化性能,在 350 ℃其对应的 CO 转化率与 CH$_4$ 产率分别约为 97% 和 75%,然而在相同温度下,10Ni/KIT-6 的 CO 转化率与 CH$_4$产率分别低至 33% 和 29%。由此可知,助剂的添加促进了低温催化活性的提高,而 V 助剂表现出最好的促进效应。

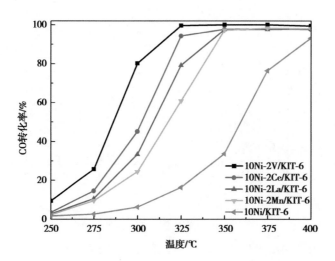

图 3-1　10Ni/KIT-6 与助剂改性催化剂的 CO 转化率

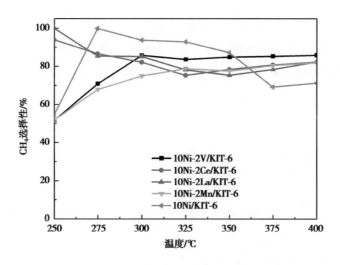

图 3-2　10Ni/KIT-6 与助剂改性催化剂的 CH₄ 选择性

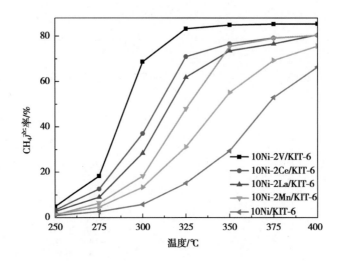

图 3-3　10Ni/KIT-6 与助剂改性催化剂的 CH$_4$ 产率

此外，在低温 350 ℃ 以下，与未添加助剂的 10Ni/KIT-6 相比，10Ni-2Ce/KIT-6 和 10Ni-2La/KIT-6 表现出较好的催化性能。从图 3-2 可以看出，助剂改性的催化剂在 325 ℃ 以上其 CH$_4$ 选择性保持相对稳定，反映了助剂物种的添加能够抑制一些副反应的发生，如水煤气变换反应（CO + H$_2$O → CO$_2$ + H$_2$），CH$_4$ 与 CO$_2$ 逆重整反应（2CO + 2H$_2$ → CO$_2$ + CH$_4$）。总之，对比未改性的 10Ni/KIT-6，助剂改性的 Ni 基催化剂具有较好的催化性能，且 10Ni-2V/KIT-6 在所有催化剂中表现出最好的 CO 甲烷化催化性能。

3.4　催化剂表征

3.4.1　N$_2$ 吸附-脱附测试

图 3-4 为 KIT-6、10Ni/KIT-6 和不同助剂改性催化剂的 N$_2$ 吸附-脱附曲

线。由图可知,所有样品的 N_2 吸附-脱附曲线均为Ⅳ型等温线,在 $P/P_0 =$ 0.6～0.8 的压力范围内,由于毛细冷凝作用均表现出 H1 滞后环,这些观察结果表明样品具有 Channel-like 孔径结构,且孔径分布范围较窄[82]。所有催化剂几乎保持着与载体 KIT-6 相同的滞后环和吸附等温曲线,揭示了活性金属负载后立方介孔孔道结构仍然保持良好[51]。图 3-5 为 KIT-6、10Ni/KIT-6 和不同助剂改性催化剂的孔径分布曲线。由图可知,助剂改性催化剂具有双模孔径分布,分别对应于 4 nm 的小孔径和 6.5 nm 的大孔径,而 KIT-6 和 10Ni/KIT-6 均表现出单模孔径分布模式,对应 6.5 nm 的孔径。

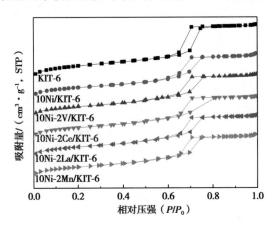

图 3-4　KIT-6、10Ni/KIT-6 和助剂改性催化剂的 N_2 吸附-脱附曲线

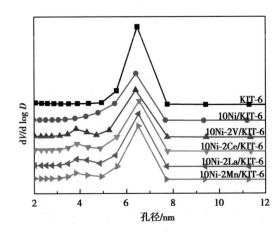

图 3-5　KIT-6、10Ni/KIT-6 和助剂改性催化剂的孔径分布曲线

表 3-2　KIT-6 和催化剂的物理化学性质

催化剂	比表面积[a] /(m² · g⁻¹)	孔体积[b] /(cm³ · g⁻¹)	平均粒径[c] /nm	Ni 粒子大小 size d_{Ni}[d]/nm	吸附 H₂ /(μmol · g⁻¹)	D 分散度[e] /%
KIT-6	723	1.07	5.84	—	—	—
10Ni/KIT-6	551	0.86	5.77	2.4	106.0	15.8
10Ni-2V/KIT-6	581	0.84	5.48	1.9	177.6	26.5
10Ni-2Ce/KIT-6	584	0.83	5.43	2.0	145.0	21.6
10Ni-2La/KIT-6	588	0.84	5.46	2.3	146.5	21.9
10Ni-2Mn/KIT-6	573	0.84	5.59	2.3	132.8	19.8
Spent 10Ni/KIT-6	—	—	—	5.8	—	—
Spent10Ni-2V/KIT-6	—	—	—	2.7	—	—

a 基于 BET 等温式计算的比表面积;

b 在 $P/P_0 = 0.97$ 通过 N₂ 吸附获得孔体积;

c 采用吸附曲线依据 BJH 方法计算平均孔径;

d 采用德拜-谢乐公式计算 Ni(111)平面上的粒子大小;

e 依据 H₂-TPR 和 H₂-TPD 计算 Ni 物种的分散度。

　　所有样品的物理化学性质列于表 3-2。由表可知 3D-介孔 KIT-6 具有最大的比表面积,为 723 m²/g,以及最大的孔径和孔体积,分别为 5.84 nm 和 1.07 cm³/g,揭示了 3D-介孔 KIT-6 可作为 CO 甲烷化反应的理想载体材料。对比载体 KIT-6,其他催化样品的比表面积、孔径与孔体积均有所下降,可能是由于活性金属或者助剂物种分散至立方介孔孔道里。有趣的是,与 10Ni/KIT-6 相比,助剂改性催化剂的比表面积增加,分析其原因可能是助剂的引入导致其表面粗糙度增加,从而增加其比表面积。然而,助剂改性催化剂的平均孔径与孔体积呈现明显下降趋势,揭示了助剂与活性金属物种已被成功引入催化剂样品的立方介孔孔道。这与助剂改性样品的双模孔径分布是一致的,并对应于有效的 3D-介孔限制效应,促进高分散小粒径 Ni 纳米粒子形成,改善催化活性与稳定性。

3.4.2　XRD 测试

对 3D 介孔-KIT-6 和 10Ni-2V/KIT-6（还原后）进行小角 XRD 表征，结果如图 3-6 和图 3-7 所示。3D 介孔-KIT-6 具有典型的 Ia3d 的立方空间群的介孔结构特征，对应于（211）（$2\theta=0.97°$）和（220）（$2\theta=1.10°$）晶面[83]。而 KIT-6 与 10Ni-2V/KIT-6 表现出相似的特征衍射峰，表明立方介孔孔道在活性金属 Ni 与助剂 V 物种负载后仍然保持良好。这与 N_2 吸附-脱附测试结果一致。如图 3-8 所示，所有还原催化剂的广角 XRD 曲线均在 $2\theta=44.3°$ 展示出一个较弱的衍射峰，归属为面心立方 Ni 的（111）晶面[44]，反映了小粒径 Ni 纳米粒子的形成，有助于改善催化性能。依据 XRD 测试结果，采用谢乐方程计算 Ni 粒子的平均粒径，结果列于表 3-2。很明显，助剂改性催化剂与 10Ni/KIT-6 具有几乎相同 Ni 粒子粒径，表明小粒径 Ni 纳米粒子的形成归结于有效的 3D 介孔的限制效应。此外，在助剂改性催化剂的广角 XRD 衍射曲线上，并未观察到任何与助剂物种相关的特征衍射峰，反映了助剂物种高分散在催化样品的立方介孔孔道里。

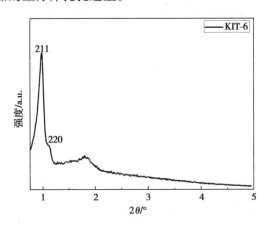

图 3-6　KIT-6 的小角 XRD

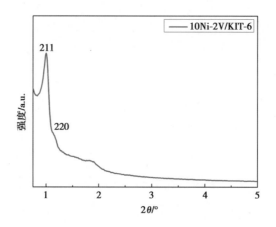

图 3-7　10Ni-2V/KIT-6 的小角 XRD

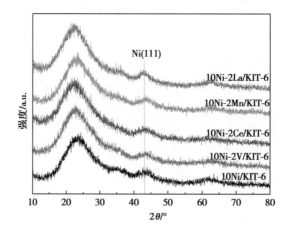

图 3-8　10Ni/KIT-6 和助剂改性催化剂的广角 XRD

3.4.3　H_2-TPR 测试

图 3-9 为 KIT-6、10Ni/KIT-6 和助剂改性催化剂的 H_2-TPR 曲线。在 100~800 ℃测试温度内,载体 KIT-6 的 H_2-TPR 曲线并没有显示任何还原峰,表明样品 H_2-TPR 曲线上所有耗氢峰均归属为 NiO 的还原。采用高斯方法对 H_2-TPR 曲线进行拟合,拟合曲线见图 3-9。在 10Ni/KIT-6 的 H_2-TPR 曲

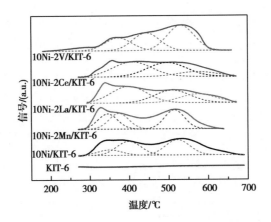

图 3-9　KIT-6、10Ni/KIT-6 和助剂改性催化剂的 H_2-TPR 曲线

线上展示了 3 个还原峰,其峰值温度分别为 349、397 和 522 ℃[71]。349 ℃ 处的低温峰归属为催化剂表面 NiO 的还原,表明其与 3D-介孔载体之间具有弱相互作用,因此较易还原[72]。397 ℃ 处的中温还原峰归属为与载体 KIT-6 具有温和相互作用力的 NiO 的还原,而 522 ℃ 处的高温峰对应于样品中硅酸镍或者小粒径 NiO 的存在,反映了 NiO 与载体 KIT-6 之间的强相互作用[111],因此较难还原。相比 10Ni/KIT-6,助剂 Mn 的添加促使10Ni-2Mn/KIT-6的 H_2-TPR 曲线转移至更低温度,因此,有助于产生更多的易还原 Ni 物种,在 CO 甲烷化反应中表现出较高催化活性。10Ni-2La/KIT-6 和 10Ni-2Ce/KIT-6 具有类似的还原峰,其峰型宽化且峰位置逐渐转移至高温区(高温峰延伸至 670 ℃),从而增强了活性金属 Ni 与载体之间的相互作用。而 10Ni-2V/KIT-6 的低温还原峰强度迅速下降,高温还原峰强度显著增加直至变成主峰,对应峰值温度为 532 ℃。基于 H_2-TPR 总还原面积的增加,活性金属与载体之间的强相互作用将有助于 NiO 还原性能的改善。以低于 550 ℃ 的还原峰面积为基准,对样品的还原性能进行了量化分析,结果列于表 3-3。10Ni-2V/KIT-6 拥有 3 个还原峰,还原温度均低于 550 ℃,因此具有最大的还原峰积分面积,从而将其设定为基准样,定义其还原度为

100%。依据 550 ℃ 以下还原峰积分面积与 10Ni-2V/KIT-6 积分面积的比值计算样品的相对还原度,由表 3-3 可知,助剂改性催化剂具有更好的还原性能,且 10Ni-2V/KIT-6 表现出最佳还原性能,表明在 CO 甲烷化反应过程中 10Ni-2V/KIT-6 能够产生更多的 Ni 活性位,具有更好的催化活性。

表 3-3 催化剂的 H_2-TPR 量化分析数据

催化剂	温度/℃			积分面积			还原度 */%
	Ⅰ	Ⅱ	Ⅲ	Ⅰ	Ⅱ	Ⅲ	
10Ni/KIT-6	349	397	522	0.48	1.22	1.34	56.6
10Ni-2V/KIT-6	373	444	532	1.24	1.71	2.43	100
10Ni-2Ce/KIT-6	408	496	574	2.10	2.00	0.66	76.4
10Ni-2La/KIT-6	399	495	575	2.14	1.63	1.11	70.2
10Ni-2Mn/KIT-6	345	373	513	1.11	1.15	1.38	67.7

Ⅰ:H_2-TPR 的低温峰;Ⅱ:H_2-TPR 的中温峰;Ⅲ:H_2-TPR 的高温峰。

* 还原度计算:$(A_Ⅰ + A_Ⅱ + A_Ⅲ)/(A_Ⅰ + A_Ⅱ + A_Ⅲ)_{Ni-V/KIT-6} \times 100\%$,Ni-Ce/KIT-6 和 Ni-La/KIT-6 的还原度计算:$(A_Ⅰ + A_Ⅱ)/(A_Ⅰ + A_Ⅱ + A_Ⅲ)_{Ni-V/KIT-6} \times 100\%$。

3.4.4 H_2-TPD 测试

为了进一步研究助剂的添加对 H_2 吸附量以及活性金属 Ni 分散度的影响,进行了 H_2-TPD 表征,结果如图 3-10 所示。由图可知,所有样品的 H_2-TPD 曲线均展示了两个主要的 H_2 脱附峰,分别为低于 500 ℃ 的低温峰和 700 ℃ 左右的高温峰。高分散活性金属 Ni 表面具有大量的表面缺陷,可作为 H_2 捕获剂[74],而这些高分散活性金属 Ni 表面弱吸附 H_2 的脱附归属为低温脱附。强吸附或者溢流 H_2 的脱附[75]需要在较高温度条件下进行,而其对应的脱附峰的峰面积和峰位置几乎保持不变。对所有样品而言,其对应的

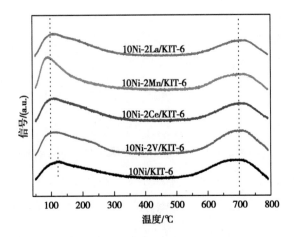

图 3-10　10Ni/KIT-6 和助剂改性催化剂的 H_2-TPR 曲线

低温脱附峰峰面积具有较大差别,10Ni-2V/KIT-6 具有最大的积分峰面积,表明了 V 物种能够最有效地促进活性金属 Ni 分散,从而有助于 CO 甲烷化催化性能的提高。关于样品的 H_2 吸附能力和活性金属 Ni 的分散情况相关数据已总结在表 3-2 中。在所有样品中,10Ni-2V/KIT-6 具有最大 H_2 吸附量和最高的活性金属 Ni 分散度,分别为 177.6 $\mu mol/g$ 和 26.5%。原因可能是 V 物种利用自身氧空穴改善氢气储藏与流动性能,从而促进 CH_x 催化加氢,改善其催化性能。值得注意的是,与 10Ni/KIT-6 相比,10Ni-2Ce/KIT-6 和 10Ni-2La/KIT-6 的低温峰面积明显增加,表明其具有较好的 Ni 分散性能,对应于 Ni 分散度分别为 21.6% 和 21.9%,有助于其催化性能的提高。此外,在所有助剂改性催化剂中,10Ni-2Mn/KIT-6 具有最小的低温脱附峰积分面积,从而导致其具有最低的 Ni 分散性能,分散度为 19.8%,然而对比 10Ni/KIT-6 仍然具有较高的分散性,表明 Mn 物种在改善活性金属 Ni 分散性方面同样起着重要的作用。

3.4.5　FT-IR 测试

图 3-11 描述了样品的 FT-IR 图谱。由图可知,样品中 4 个典型的 Si-O-Si 骨架振动峰分别位于 464、804、965 和 1 076 cm^{-1},其中 464 cm^{-1} 为 Si-O-Si 键的弯曲振动峰,而 1 076 cm^{-1} 处广阔的吸收峰与 804 cm^{-1} 处的弱吸收峰分别归属为 Si-O-Si 的对称与非对称伸缩振动模式[59]。Si-OH 的伸缩振动峰则出现在 965 cm^{-1}。与纯载体 KIT-6 相比,所有催化剂中 1 076 cm^{-1} 处吸收峰则转移至更低温区方向,表明活性金属 Ni 与助剂物种已被引入催化样品的立方介孔孔道里,从而可有效阻止高温反应与还原过程中 Ni 粒子的聚集,改善催化稳定性。进一步而言,在活性金属 Ni 与助剂物种引入之后,位于 804 cm^{-1} 处吸收峰强度表现出下降趋势,表明了表面 Si-OH 基团的结构变化,反映了 Si-OH 基团部分转变成 Si-O-M（ V [84],Ce [85],La [86],或者 Mn [87]）。

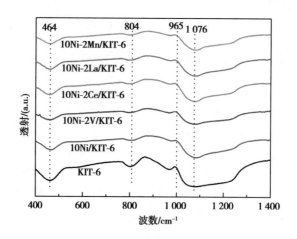

图 3-11　KIT-6、10Ni/KIT-6 和助剂改性催化剂的 FT-IR 图谱

3.4.6　TEM 和 EDX 表征

为了更直观地观察样品的介孔结构以及表面活性金属 Ni 的分布状态,
采用 TEM 对载体 KIT-6 和还原后的催化剂进行表征,结果如图 3-12 所示。
很明显,载体 KIT-6 具有高度有序的立方介孔孔道结构特征,这与前面小角
XRD 曲线中显示的 (211) 和 (220) 特征峰是一致的。在活性金属 Ni 与助
剂物种引入后,立方介孔孔道仍然规整均匀,表明金属物种的引入并未破坏

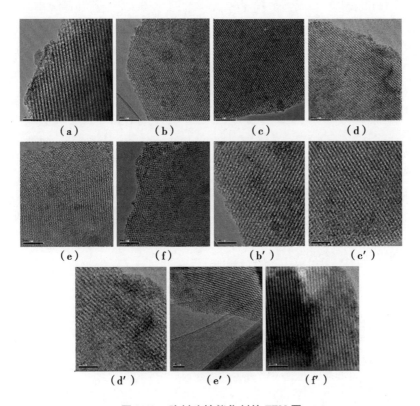

图 3-12　助剂改性催化剂的 TEM 图

(a)KIT-6;(b,b')10Ni/KIT-6;(c,c')10Ni-2V/KIT-6;(d,d')10Ni-2Ce/KIT-6;

(e,e')10Ni-2La/KIT-6;(f,f')10Ni-2Mn/KIT-6

介孔孔道结构,如图 3-12(b—f)所示。由图 3-12(b′—f′)可以清晰地观察到一些暗点均匀地抛瞄在立方介孔孔道的内表面上,而且这些暗点代表催化表面上的 Ni 纳米粒子,其粒径小于载体的平均孔径,为 2~3 nm,这些观察表明活性金属 Ni 具有高分散性。然而,在所有助剂改性催化剂 TEM 图上,我们并未观察到任何助剂物种的存在,表明了助剂物种高分散在催化剂上。这与 XRD 测试结果是一致的,并且将会被 EDX 测试结果进一步证明,如图 3-13 所示。值得注意的是,在 10Ni-2V/KIT-6 的 EDX 图谱上可明显地观察到 Ni、V、Si、O 4 种元素,反映了这些元素已被成功地引入 10Ni-2V/KIT-6 的立方介孔孔道中。上述分析结果进一步证明了 Ni 与 V 物种高分散在立方介孔孔道里,从而导致较小 Ni 纳米粒子的形成,有助于反应过程中产生较多 Ni 活性位,改善催化性能。类似地,其他助剂物种同样高分散在立方介孔孔道里,并且在改善 Ni 纳米粒子的催化活性与稳定性能方面起着至关重要的作用。

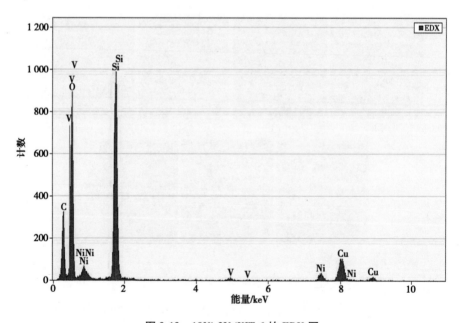

图 3-13   10Ni-2V/KIT-6 的 EDX 图

3.5　催化剂稳定性测试

在 CO 甲烷化反应过程中,为寻找具有较好催化活性与较高稳定性的催化材料,稳定性测试是非常必要的。因此,在常压、500 ℃和60 000 mL/(g·h)空速的条件下对 10Ni-2V/KIT-6 进行了稳定性评价,作为对比,在相同条件下对 10Ni/KIT-6 也进行了稳定性评价。如图 3-14 至图 3-16 所示,在60 h 的稳定性测试中,10Ni-2V/KIT-6 的 CO 转化率、CH_4 选择性与 CH_4 收率几乎保持不变,分别为93%、78%和73%。然而对于未添加助剂的 10Ni/KIT-6,其 CO 转化率、CH_4 选择性和 CH_4 收率呈现下降趋势,分别对应于90%、75%和68%,表明 10Ni-2V/KIT-6 在高温条件下具有更好的催化活性与稳定性。

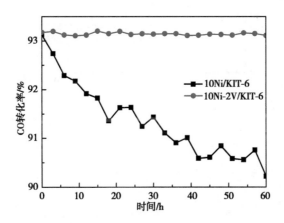

图 3-14　10Ni/KIT-6 和 10Ni-2V/KIT-6 的稳定性测试的 CO 转化率

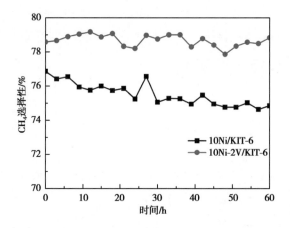

图 3-15　10Ni/KIT-6 和 10Ni-2V/KIT-6 的稳定性测试的 CH$_4$ 选择性

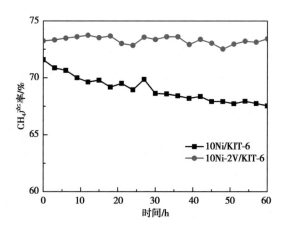

图 3-16　10Ni/KIT-6 和 10Ni-2V/KIT-6 的稳定性测试的 CH$_4$ 产率

　　为了进一步了解催化性能与催化剂结构之间的关系,对 10Ni/KIT-6 和 10Ni-2V/KIT-6 进行了拉曼表征,结果如图 3-17 所示。很明显,10Ni/KIT-6 在 485 cm^{-1} 和 970 cm^{-1} 具有两个特征谱带,分别归属于 Si-O-Si 对称与非对称伸缩振动模式[88]。而 773 cm^{-1} 处的拉曼谱带反映了 10Ni-2V/KIT-6 的表面存在 VO$_x$ 物种[89]。同样地,在靠近 1 036 cm^{-1} 处,可观察到一个尖锐的拉曼峰,这可能与孤立的 VO$_4$ 物种的 V=O 伸缩振动模式有关[90]。而 987 cm^{-1} 处的较弱肩峰,代表不同环境中的聚合钒物种,表明一些钒物种高分散在 KIT-6 的立方介孔孔道里面。此外,有两个新的拉曼特征峰分别出现在 915 cm^{-1}和 1 060 cm^{-1},对应于 V-O-Si 伸缩振动模式的形成[91;92],表明了与载体之间的强相互作用,并与 H$_2$-TPR 测试结果一致。基于上述分析,可知 10Ni-2V/KIT-6 具有优异催化性能,归因于小的 Ni 纳米粒子被引入 KIT-6 的立方介孔孔道里并牢固地固定在其介孔孔道的内表面。此外,V 助剂的加入促进载体与 V 物种之间 Si-O-V 键的形成,从而增强了金属载体之间的相互作用,改善 3D 介孔的限制效应,进而有助于抵抗 Ni 纳米粒子的烧结与碳沉积,使 10Ni-2V/KIT-6 具有优异的催化活性和稳定性。

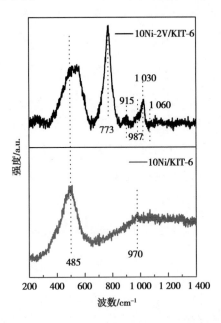

图 3-17　10Ni/KIT-6 和 10Ni-2V/KIT-6 的拉曼图谱

3.6　稳定性测试后催化剂表征

为了进一步探究催化剂稳定性能与催化结构之间的关系,在 60 h 稳定性测试后,采用 TEM、XRD 和 TGA 对 10Ni/KIT-6 和 10Ni-2V/KIT-6 进行表征,结果如图 3-18 至图 3-20 所示。从图 3-18(b)中可清晰地观察到规整有序的立方介孔孔道结构,并且粒径约为 3 nm 的 Ni 粒子抛瞄在立方介孔孔道里,进一步证明了 10Ni-2V/KIT-6 具有较优异的催化活性与稳定性。然而,10Ni/KIT-6 的 TEM 图表现出一定程度的 Ni 纳米粒子聚集现象,从而导致较大的 Ni 纳米粒子形成(大于 5 nm),这可能由于较弱金属载体之间的相互作用易于引起 Ni 粒子的迁移。稳定性测试后的 10Ni-2V/KIT-6 与其新鲜样品具有相似的 Ni 粒子 XRD 特征衍射峰,并且粒径相同,表明其具有良好的抗烧结性能,而 10Ni/KIT-6 在稳定性测试后具有较大的 Ni 粒子,粒径约为 5 nm,对应于 XRD 曲线上尖锐的 Ni 粒子特征峰(图 3-19)。此外,在 XRD 和 TEM 图上,我们并未观察到任何沉积碳的信息,表明了沉积碳含量较低或以

（a）　　　　　　　　　　（b）

图 3-18　稳定性测试后 10Ni/KIT-6 和 10Ni-2V/KIT-6 的 TEM

（a）10Ni/KIT-6;（b）10Ni-2V/KIT-6

无定型碳的形式存在。采用 TGA 技术对稳定性测试后的 10Ni/KIT-6 和 10Ni-2V/KIT-6 表征进一步探究其表面积碳情况,结果如图 3-20 所示。很明显,稳定性测试后 10Ni/KIT-6 的 TGA 曲线展示了较大的失重峰,反映了在其催化表面上具有一定程度的积碳,进一步证明了 10Ni-2V/KIT-6 具有更好的抗积碳性能。

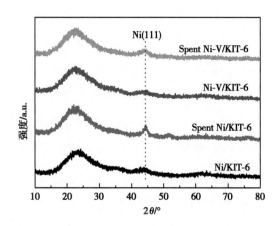

图 3-19　还原与稳定性测试后 10Ni/KIT-6 和 10Ni-2V/KIT-6 的 XRD

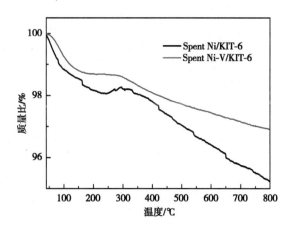

图 3-20　稳定性测试后 10Ni/KIT-6 和 10Ni-2V/KIT-6 的 TGA 曲线

3.7　小结

采用浸渍法制备了（V，Ce，La，Mn）助剂改性的 Ni 基催化剂，对比 10Ni/KIT-6，在常压、60 000 mL/（g·h）空速、250~400 ℃ 的条件下，助剂改性的催化剂表现出较好的 CO 甲烷化催化性能，而 10Ni-2V/KIT-6 具有最好的催化性能，在低温 350 ℃ 原料气已完全转化，对应于最大 CH_4 收率为 85%。在高温 60 h 稳定性测试中，10Ni-2V/KIT-6 表现出优异的抗烧结与抗积碳性能。采用 N_2 吸附-脱附、XRD、H_2-TPR、H_2-TPD、FT-IR、Raman Spectra、TEM、EDX 以及 TGA 等对催化剂进行表征，结果表明 10Ni-2V/KIT-6 具有优异的催化性能，可能归因于 Ni 纳米粒子的高分散性（26.5%）、改善的还原性能、较强的金属载体相互作用以及有效的 3D 介孔限制效应，促进较小 Ni 纳米粒子的形成，从而产生较多的 Ni 活性位，改善其催化性能。类似地，10Ni-2Ce/KIT-6、10Ni-2La/KIT-6 和 10Ni-2Mn/KIT-6 同样具有较高的 H_2 吸附量以及 Ni 分散性能。此外，V 物种的添加促进了 Si-O-V 的形成并有效改善了 3D 介孔限制效应，有利于较小 Ni 纳米粒子的形成，可阻止 Ni 纳米粒子在高温还原与 CO 甲烷化反应过程中聚集。因此，我们的工作揭示了 10Ni-2V/KIT-6 在 CO 甲烷化过程中具有优异的催化活性与稳定性，被看作具有广阔应用前景的催化材料候选者。

第 4 章　助剂 V 改性后 Ni(111) 晶面 CO 吸附性能的 DFT 计算

4.1　引言

　　密度泛函理论（Density Functional Theory，DFT）是一种量子化学研究方法，通常借助薛定谔方程求解以实现对多电子体系结构的量化研究。1927 年 Thomas 和 Fermi 提出了 Thomas-Fermi 模型[93]，考虑到电子间相互作用，采用体系的电子密度表达动能，从而为 DFT 的发展奠定基础。虽然该模型具有简便的计算式，但并不能很好地解决一些物理、化学方面的问题，如原子重排、化学成键、固体性质等。1964 年，Hohenberg 和 Kohn 提出了两个HK 定理，为 DFT 发展提供理论依据[94]。HK 第一定理描述了体系的密度函数与基态能量是一一对应的，可利用体系的密度函数求解体系的基态能量。然而在有磁场的情况下，该定理并不能真实反映体系的某些性质[95]。HK第二定理强调了功能函数的重要性，体系基态的电子能量、波函数及其他体系电子性质可由基态电子密度唯一决定。然而 HK 定理仍然不能得到功能函数的具体形式,只能通过简化图像方式给出近似的结果。目前为止,求解 DFT 中功能函数的具体表达式普遍采用 Kohn-Sham 方法,该方法采用体系的单电子波函数表达电子密度函数,从而使得 DFT 理论在实际应用中得到进一步推广[96]。

近年来,随着计算机技术的快速发展以及 DFT 理论的深入研究,DFT 理论计算在催化领域得到广泛运用。采用 DFT 计算可以模拟反应过程机理,依据 CO_2 甲烷化反应是否经过 CO 中间体得到产物 CH_4,Ren 等[97]模拟了 3 条甲烷化反应路径,并对比了整个反应过程中的能垒与反应能,优化得出最佳的 CO_2 反应路径。彭超等[98]采用 DFT+U 的计算方法探究了 CO_2 加氢反应过程中金属氧化物界面反应机理,并用简单模型演示了协同作用机理,详述了两条可能的反应路径。Li 等[99]从理论上证明了 Ni 基催化剂上引入助剂 Ce 能够改善 CO 甲烷化催化性能,其原因可能是助剂 Ce 的引入改变了 Ni (111)晶面表面吸附物种的吸附能。在 CO 甲烷化反应中,CO 的吸附与解离是 CO 活化的关键步骤,而 CO 的活化会影响其催化活性。Yang 等[100]研究了 Ni(111)晶面上过渡金属(Fe、Co、Ru、Rh)的掺杂对 CO 活化的影响,DFT 计算结果表明,Fe、Co、Ru 掺杂至 Ni(111)的 step 位明显改善了初始态的 CO 结合能,其中 Fe 表现最好的掺杂效应。对比之下,Rh 的添加减弱了 CO 的吸附。由此可知,通过 DFT 计算能够使我们从理论上更深入地了解催化剂的作用机制,这对我们设计高效甲烷化催化剂具有重要的指导作用。

基于前期实验研究,可知在助剂改性的 CO 甲烷化催化剂中,V 助剂的引入具有最佳促进效果。虽然借助一些表征手段深入研究了助剂 V 物种的添加对催化剂结构与催化性能的影响,然而 V 助剂的添加是如何通过 CO 吸附性能影响其催化过程并不清楚,仍然需要进一步探讨。因此本章借助 DFT 理论计算研究 Ni(111)与 $Ni_{10}V_2$(111)晶面的 CO 吸附性能,并通过对比深入探讨助剂 V 物种的添加对 Ni(111)晶面 CO 吸附性能的影响,揭示 V 助剂对 CO 甲烷化催化性能的促进效应。

4.2　计算模型与计算方法

4.2.1　计算方法

本节计算是采用 Material studio 5.3.5 软件包中的 Vienna *Ab-Initio* Simulation Package（VASP）程序进行的[101]，体系中的电子离子之间的相互作用采用 Projector Augmented Wave（PAW）赝势来模拟计算[102]。在电子结构计算中，体系的交换相关势采用广义梯度近似 GGA（Generalized Gradient Approximation）下的 Perdew-Wang-91（PW91）方法进行[103]。在所有计算中平面波基组截断能设定为 400 eV，用以描述电子波函数。布里渊区积分采用 Monkhorst-Pack 网格 k 节点取值，参数值设为 3×3×1，并使用宽度为 0.1 eV的 Gaussian Smearing 方法。在几何优化中，自洽场被优化至体系总能量达到 10^{-6} eV 的收敛标准，原子弛豫被优化至每个原子受力均小于 0.05 eV/Å。整个计算过程中，由于 Ni 元素具有磁性，因此需要考虑 Ni 的自旋极化状态。

4.2.2　计算模型

活性金属 Ni 具有 Ni(111)、Ni(110) 以及 Ni(100) 三种不同的面心立方结构，然而在 DFT 计算过程中，通常选择 Ni(111) 晶面作为活性表面，因其具有最低能量[104]。依据实验过程中我们制备的 Ni-V 甲烷化催化剂中 Ni 与 V 的含量比，对于纯 Ni 以及 V 物种改性的 Ni(111) 周期性平板模型，我们选用 3×4 的超晶胞在自旋极化的状态下进行模拟计算。在计算过程中，固定底部两层原子,保持顶层原子完全弛豫,直至力常数低于 0.02 eV/Å。为确保计算过程中平板间作用力互不影响,采用厚度为 15 Å 的真空层隔开两层之间的超胞。依据上述参数设置建立了 Ni(111) 与 Ni$_{10}$V$_2$(111) 晶面的周期性平板模型。

吸附能计算公式见式(4-1):

$$E_{ad} = E_{ads+sur} - (E_{sur} + E_{ads})$$ (4-1)

式中　E_{ad}——分子吸附能;

　　$E_{ads+sur}$——体系吸附 CO 的总能量;

　　E_{ads}——吸附前 CO 分子的能量;

　　E_{sur}——真空状态下底物能量。

若 E_{ad} 为负值,则表明吸附过程为放热过程,且 E_{ad} 数值越负,其吸附稳定性能越好,反之亦然,E_{ad} 为正值代表吸热过程,E_{ad} 数值越大,表示其吸附过程越不稳定。

4.3　Ni(111) 和 Ni$_{10}$V$_2$(111) 晶面上的 DFT 优化结构模型

依据前期实验合成的 Ni 基催化剂以及助剂 V 改性的 Ni 基催化剂的组成,在 DFT 计算过程中,建立了 Ni(111) 和 Ni$_{10}$V$_2$(111) 晶面上的周期性平板模型,然后对其进行全面结构优化,优化后的稳定模型结构如图 4-1 所示。结合图 4-2 中的吸附能数据可知,对于助剂 V 改性的 Ni(111) 晶面具有 3 种可能的 DFT 模型,优化后分别对应于 3 种不同的吸附能,其中,Ni$_{10}$V$_2$(111) surface-3 表现出最低的吸附能,为 −254.27 eV,因此在后续的 DFT 模拟计算中,以 Ni$_{10}$V$_2$(111) surface-3 为 CO 吸附模型表面进行计算。

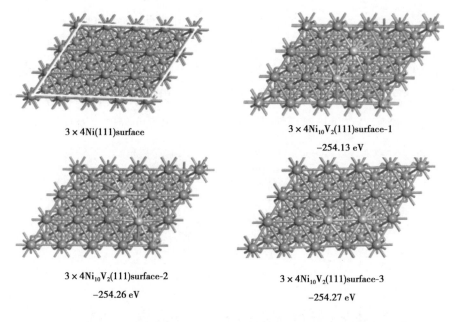

3 × 4Ni(111)surface

3 × 4Ni$_{10}$V$_2$(111)surface-1
−254.13 eV

3 × 4Ni$_{10}$V$_2$(111)surface-2
−254.26 eV

3 × 4Ni$_{10}$V$_2$(111)surface-3
−254.27 eV

图 4-1 Ni(111) 和 Ni$_{10}$V$_2$(111) 晶面的优化结构 DFT 模型

4.4 Ni(111) 和 Ni$_{10}$V$_2$(111) 晶面上 CO 吸附性能的 DFT 计算

基于优化后的 Ni(111) 与 Ni$_{10}$V$_2$(111) 晶面上的周期性平板模型,考虑到 Ni(111) 晶面上的 4 种可能的 CO 吸附位,顶位 (Top)、桥位 (Bridge)、fcc 位 (face-centered cubic) 与 hcp 位 (hexagonal-close-packed),分别对 CO 进行吸附,并进行 DFT 结构优化,优化后的稳定结构如图 4-2 所示,且优化后 Ni(111) 和 Ni$_{10}$V$_2$(111) 晶面上 CO 吸附能见表 4-1。对于未进行助剂改性的 Ni(111) 晶面,CO 优先吸附在具有 3 个配位中心的面心立方 Ni 的 fcc 位与 hcp 位,对应的吸附能分别为 −1.95 eV 和 −1.96 eV,这与文献报道结果也是一致的[105,106]。相比之下,助剂 V 改性的 Ni(111)晶面提供了 4 种类型的 CO 吸附位,分别为 fcc-1(2 个 V 与 1 个 Ni 原子),fcc-2(3 个 Ni 原子),hcp-1(2 个 V 与 1 个 Ni 原子)和 hcp-2(3 个 Ni 原子)。对于前期实验观察到的结果——助剂 V 的添加能够明显改善 CO 甲烷化催化性能,可借助于 Ni(111)和 $Ni_{10}V_2$(111)晶面的吸附能大小进行解释,可能的原因有两点:

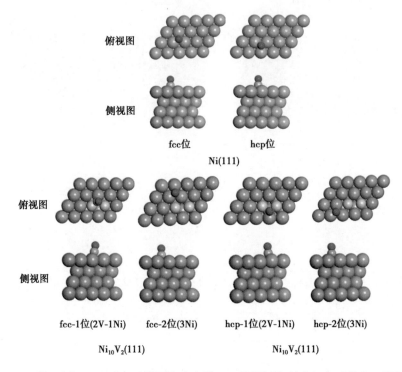

图 4-2 Ni(111)与 $Ni_{10}V_2$(111)晶面上稳定的 CO 吸附构型,其中红色球代表 O 原子,灰色小球代表 C 原子,灰色大球代表 V 原子,蓝色球代表 Ni 原子

表 4-1 Ni(111)和 $Ni_{10}V_2$(111)晶面上 CO 的吸附能

种类	CO 吸附能/eV					
	fcc	hcp	fcc-1(2V 和 1Ni 原子)	fcc-2(3 Ni 原子)	hcp-1(2 V 和 1 Ni 原子)	hcp-2(3 Ni 原子)
Ni(111)	-1.95	-1.96	—	—	—	—
$Ni_{10}V_2$(111)	—	—	-1.73	-2.00	-1.76	-2.01

①对于包含 3 个 Ni 原子的 $Ni_{10}V_2(111)$ 晶面上的 fcc 与 hcp 吸附位,CO 的吸附能分别为-2.00 eV 和-2.01 eV,稍高于纯 Ni 粒子 Ni(111) 晶面 fcc 与 hcp 位吸附能 (-1.95 eV 和-1.96 eV),表明助剂 V 的引入能够轻微增加 CO 的吸附能,从而能够促进 $Ni_{10}V_2(111)$ 晶面上的 CO 甲烷化过程。

②$Ni_{10}V_2(111)$ 晶面可提供两种不同的 CO 吸附位,一种是强吸附位 fcc-2 (2.00 eV) 和 hcp-2 (2.01 eV),另外一种是较弱吸附位 fcc-1 (-1.73 eV) 和 hcp-1 (-1.76 eV)。

据文献报道[107],许多催化反应的活性将会受到所谓的线性比例关系的约束,意味着活性位若能够对反应物进行强烈吸附,那么它对反应产物也能够进行强烈吸附。换言之,较慢的产物脱附速率将会导致较低的催化周转率,进而将会限制其催化性能的提高。相比之下,$Ni_{10}V_2(111)$ 晶面上具有两种不同类型吸附位,从而能够打破这种线性比例关系的约束。具体描述如下,CO 最初可能吸附在强吸附位上(fcc-2 和 hcp-2),有利于最初的 CO 加氢催化反应。同时,反应过程中产生的中间体 CH_x 或者产物 CH_4 将会被转移至弱吸附位 (fcc-1 和 hcp-1),从而可加速 CH_x 的脱附,促进表面活性位的快速再生,并加快催化周转率,因此改善了 CO 甲烷化催化性能。综上所述可知,借助 DFT 计算结果,通过探讨 Ni(111) 与 $Ni_{10}V_2(111)$ 晶面的 CO 吸附性能,可深入了解前期实验中助剂 V 对 CO 甲烷化催化性能的改善作用。

4.5　小结

本章通过 DFT 计算对 Ni(111) 与 $Ni_{10}V_2(111)$ 晶面进行全面优化,并以优化后的稳定结构为模型,在不同的吸附位对反应物 CO 进行吸附,经 DFT

模拟计算后,获得 Ni(111)与 $Ni_{10}V_2(111)$ 晶面上稳定 CO 吸附构型以及不同吸附位的吸附能,通过对比分析可知助剂 V 的添加使得 $Ni_{10}V_2(111)$ 晶面含有两种强弱不同的吸附位,有利于最初的 CO 加氢催化反应,同时促进中间产物 CHx 或者产物 CH_4 的脱附,促进表面活性位的快速再生,并加快催化周转率,改善 CO 甲烷化催化性能。

第 5 章　助剂 V 与活性金属 Ni 含量的研究

5.1　引言

作为一种有效助剂,V 物种的添加能够提高 Ni 分散度,促进 CO 解离,改善催化剂表面 Ni 粒子的抗烧结与抗积碳性能。第 3 章研究表明,添加 V 物种的 10Ni-2V/KIT-6 在助剂 (V、Ce、La、Mn) 改性的催化剂中表现出最好的 CO 甲烷化催化性能,在低温 350 ℃原料气已完全转化,并对应于最大 CH_4 收率为 85%。在高温 60 h 稳定性测试中,10Ni-2V/KIT-6 表现出优异的抗烧结与抗积碳性能。Hayek 等[108]通过实验研究进一步证明了在 CO 加氢反应过程中,V 物种可作为一种优异的贵金属催化剂助剂。也有报道揭示了 V^{3+} 可与化学吸附 CO 中的 O 原子相互作用,从而极大地促进 CO 的解离[109]。Liu 等[62]对 Ni-V_2O_3/Al_2O_3 进行了研究,结果表明不同表面 V 物种能够促进较小 Ni 粒子的形成,而且可通过 V_2O_3 物种的氧化还原循环改善 CO 解离能力。然而,目前为止,将 V 物种添加至 3D-介孔 KIT-6 负载的 Ni

基催化剂在 CO 甲烷化方面的系统研究较少。此外,NiO 负载量的增加有助于产生更多的表面 Ni 活性位,从而可有效改善 CO 甲烷化催化性能,然而,过量的 NiO 将会引起 Ni 粒子的聚集,进而形成较大的 Ni 粒子,很有可能导致催化剂失活。因此,V 与 Ni 在催化剂中相对含量的大小对催化活性和稳定性的影响仍然需要进一步探讨。

本工作合成了不同 V 与 Ni 含量的 xNi-yV/KIT-6 用于 CO 甲烷化制备合成天然气,考察了 V 与 Ni 添加量对催化活性与稳定性的影响;采用表面和主体表征技术手段对催化剂进行表征,深入研究 Ni 与 V 含量对催化结构与催化性能的影响。

5.2 实验部分

5.2.1 实验原料与器材

实验过程中所用到的试剂列于表 5-1。所有试剂在使用之前均未进行预处理。

表 5-1 实验所用主要药品试剂

药品名称	分子式	规格	生产厂家
正硅酸四乙酯	$C_8H_2O_8Si$	AR, 500 mL	国药集团
P123	$H(OCH_2CH_2)_x$ $(OCH_2CHCH_3)_y$ $(OCH_2CH_2)_zOH$	250 mL	Sigma-Aldrich
正丁醇	$C_4H_{10}O_2$	AR, 500 mL	国药集团

药品名称	分子式	规格	生产厂家
盐酸	HCl	35%，500 mL	国药集团
硝酸镍	$Ni(NO_3)_2 \cdot 6H_2O$	AR，500 g	国药集团
偏钒酸氨	NH_4VO_3	AR，100 g	国药集团
无水乙醇	C_2H_6O	AR，500 mL	国药集团
乙二醇	$C_2H_6O_2$	CP，500 mL	国药集团
蒸馏水	H_2O	—	自制

在实验制备过程中用到的主要实验仪器与第 2 章相同,见表 2-2。

5.2.2　不同 Ni 和 V 含量催化剂的制备

称取适量载体 KIT-6 采用 EG 预处理后将其浸渍于一定浓度的硝酸镍
与对应的 V 助剂溶液中,并使得 NiO 的负载量为 10wt%,对应 V_2O_5 助剂氧
化物的含量为 2wt%。于 60 ℃水浴中加热搅拌过夜后转移至真空干燥箱干
燥 2 h,之后转移至 100 ℃ 的干燥箱继续干燥过夜。最后得到的固体产品在
550 ℃下煅烧 4 h 后得助剂改性的目标产物,并命名为 10Ni-2V/KIT-6。

此外,采用上述制备方法分别获得不同 V_2O_5 含量的催化剂,其对应
V_2O_5 质量百分含量分别为 0.1wt%,0.5wt%,1wt%,2wt%,5wt%,并将其命名
为 10Ni-yV/KIT-6 (y=0.1,0.5,1,2,5);类似地制备了不同 NiO 含量的催化
剂,其对应的 NiO 质量百分含量分别为 5wt%,10wt%,20wt%,40wt%,并命名
为 xNi-yV/KIT-6(x=5,10,20,40;y=0.5 或 2)。

5.2.3　催化剂表征

催化剂表征中,其中 N_2 吸附-脱附测试 X-射线衍射分析(XRD)、透射电

镜（TEM）、H_2-程序升温还原（H_2-TPR）、H_2-程序升温脱附（H_2-TPD）、热重分析（TGA）、红外光谱仪（FT-IR）、拉曼光谱（Raman Spectra）参见第 2 章 2.2.3、第 3 章 3.2.3 相关内容。

X 射线光电子能谱分析（XPS）的表征方法如下：

X 射线光电子能谱（X-ray Photoelectron Spectroscopy，XPS）可通过电子结合能的测试对样品表面元素组成及其价态分布等进行定性分析。测试过程中采用功率为 400 W 的 Mg Kα 光源辐射样品，在真空度为 1.2×10^{-8} Torr 条件下激发样品中原子或分子的价电子以发射出电子能量，从而得到光电子能谱图。采用标准碳谱 C1s = 284.6 eV 对样品中其他元素的结合能进行校正，参考 1992 年出版的 XPS 指南（*Handbook of X-R-ray Photoelectron Spectroscopy*）中的标准数据确定样品中物质的化学状态。

5.2.4 催化剂活性评价

CO 甲烷化活性评价是在连续固定床反应装置上完成的，如图 2-1 所示。CO 甲烷化活性评价的操作流程与第 2 章 2.2.4 所述相同。

5.3 不同助剂 V 含量对 CO 甲烷化催化性能的影响

在常压、60 000 mL/（g·h）空速下，对 10Ni/KIT-6 和助剂 V 改性催化剂进行了 CO 甲烷化活性评价，其测试温度为 250~400 ℃，结果如图 5-1—图 5-3 所示。随着温度的增加，10Ni/KIT-6 的 CO 的转化率与 CH_4 收率逐渐增加，在 400 ℃ 所对应的最大值分别为 93% 和 66%。与 10Ni/KIT-6 相比，10Ni-yV/KIT-6 的 CO 转化率与 CH_4 产率在整个反应温度区间明显提高，表明 V 物种的添加能够显著改善 CO 甲烷化催化性能。此外,在低温 350 ℃ 以下,10Ni-yV/KIT-6 的 CO 转化率和 CH$_4$ 产率随 V$_2$O$_5$ 浓度的不同明显不同,并且在各种不同 V$_2$O$_5$ 浓度的催化剂中,10Ni-2V/KIT-6 表现出最佳催化性能,对应于 CO 转化率为 100% 和 CH$_4$ 产率为 85%,确定其最优 V$_2$O$_5$ 浓度为 2wt%。

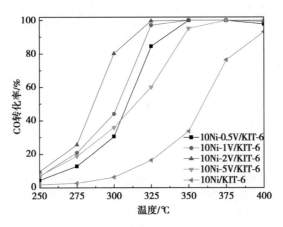

图 5-1　不同 V 含量对 CO 转化率的影响

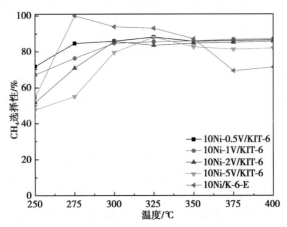

图 5-2　不同 V 含量对 CH$_4$ 选择性的影响

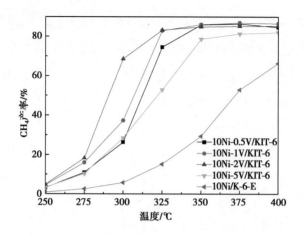

图 5-3　不同 V 含量对 CH$_4$ 产率的影响

5.4　不同活性金属 Ni 含量对 CO 甲烷化催化性能的影响

如图 5-4 至图 5-6 所示,当 NiO 含量从 5wt% 增加至 20wt% 时,xNi-2V/KIT-6 的 CO 转化率与 CH$_4$ 产率逐渐增大,并在低温 300 ℃ 达到其最大值,分别对应于 100% 的 CO 转化率和 86% 的 CH$_4$ 产率,然而随着 NiO 负载量的进一步增加,其对应的 CO 转化率与 CH$_4$ 产率并未持续增大,其原因可能是过量的 NiO 较易引起催化表面 Ni 粒子聚集,从而导致催化剂表面活性位下降,因而不利于催化活性的提高。此外,在 325 ℃ 以上,所有催化剂的 CH$_4$ 选择性几乎保持不变。特别是 20Ni-2V/KIT-6,其 CH$_4$ 选择性在 275 ℃ 已高达 86%,并在 275~400 ℃ 内保持不变。总之,相比 10Ni/KIT-6,V 物种改性催化剂在相同反应条件下具有较好的催化活性,且 20Ni-2V/KIT-6 在所有催化剂中表现出最佳的催化性能,对应 NiO 与 V$_2$O$_5$ 浓度分别为 20wt% 和 2wt%。

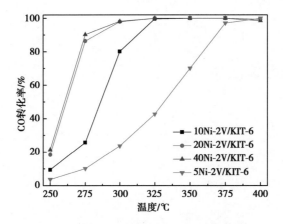

图 5-4　不同 Ni 含量对 CO 转化率的影响

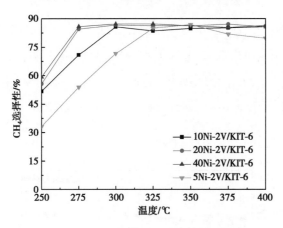

图 5-5　不同 Ni 含量对 CH_4 选择性的影响

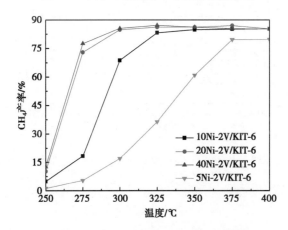

图 5-6　不同 Ni 含量对 CH_4 产率的影响

5.5 催化剂表征

5.5.1 N_2 吸附-脱附测试

如图 5-7 和图 5-8 所示,除了 NiO 含量为 40wt% 的样品,其余样品具有相似的 N_2 吸附-脱附曲线,均为典型的 IV 型曲线,由于毛细管冷凝作用在相对压强为 0.6~0.8 时出现 H1 回滞环,这些观察表明了催化样品具有高度有序的介孔结构且孔径分布较窄[82]。所有催化剂(不包括 40Ni-2V/KIT-6)与 3D-介孔 KIT-6 具有相似的等温线及回滞环,反映了在 Ni 与 V 物种引入之后,其立方介孔结构仍然保持良好[51]。

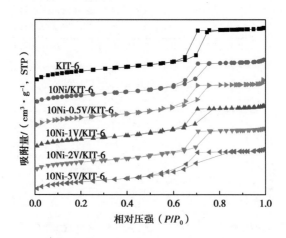

图 5-7 KIT-6、10Ni/KIT-6 和 10Ni-yV/KIT-6 的 N_2 吸附-脱附曲线

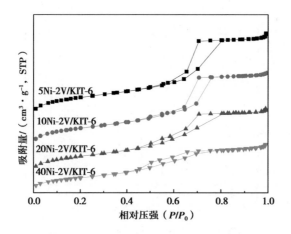

图 5-8　xNi-2V/KIT-6 的 N$_2$ 吸附-脱附曲线

xNi-yV/KIT-6 与载体 KIT-6 的孔径分布曲线如图 5-9 和图 5-10 所示。不同 V$_2$O$_5$ 含量的 10Ni-yV/KIT-6 表现出相似的双模孔径分布,其孔径大小分别为 4 nm 和 6.5 nm。而不同 NiO 含量的 xNi-2V/KIT-6 同样呈现出双模孔径分布,且随着 NiO 含量的增加,两种不同孔径表现出相反的增长趋势,较小孔径逐渐增大,较大孔径逐渐减小。当 NiO 含量为 40wt%时,较小孔径为 4 nm,而较大孔径降低至 5.5 nm,表明了高度有序的立方介孔孔道结构部分破坏。值得注意的是,在 KIT-6 和 10Ni/KIT-6 的孔径分布图上,仅可观察到 6.5 nm 孔径存在。

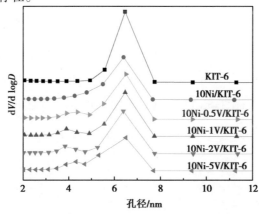

图 5-9　KIT-6、10Ni/KIT-6 和 10Ni-yV/KIT-6 的孔径分布曲线

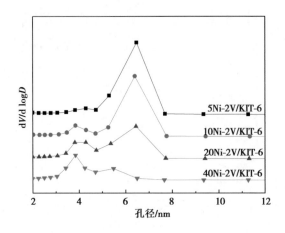

图 5-10　xNi-2V/KIT-6 的孔径分布曲线

　　由表 5-2 可知,KIT-6 具有较大的比表面积为 723 m^2/g,其孔容和孔径分别为 1.07 cm^3/g 和 5.84 nm,然而在活性金属 Ni 与 V 物种负载后,其对应的比表面积、孔容和孔径下降,反映了 Ni 与 V 物种成功引入催化样品的立方介孔孔道,表明了有效的 3D-介孔限制效应(不包括 40Ni-2V/KIT-6)。对 40Ni-2V/KIT-6 而言,由于过量 NiO 的负载引起孔径结构部分破坏,使其具有最小比表面积、孔径和孔容,将会导致 Ni 粒子聚集,形成较大 Ni 粒子,不利于其 CO 甲烷化催化性能的改善。10Ni/KIT-6 的比表面积为 551 m^2/g,而引入不同含量的 V_2O_5 后,其比表面积从 568 m^2/g 增至 644 m^2/g,可能归因于 V 物种引入立方介孔孔道,从而导致表面粗糙度增加,改善其比表面积。进一步而言,较大的比表面积有助于提高 Ni 纳米粒子的分散度,改善 CO 甲烷化的催化性能。此外,随着 NiO 或 V_2O_5 含量的增加,其对应的比表面积反而下降,顺序如下:10Ni-0.5V/KIT-6>10Ni-1V/KIT-6>10Ni-2V/KIT-6>10Ni-5V/KIT-6; 5Ni-2V/KIT-6>10Ni-2V/KIT-6>20Ni-2V/KIT-6>40Ni-2V/KIT-6,进一步证明了 Ni 与 V 物种成功引入立方介孔孔道。

表 5-2　样品的物理化学性质参数

催化剂	比表面积[a] /(m² · g⁻¹)	孔体积[b] /(cm³ · g⁻¹)	平均粒径[c] /nm	Ni 粒子大小 /nm d_{Ni}[d]	吸附 H₂ /(μmol · g⁻¹)	分散度[e] /%
KIT-6	723	1.07	5.84	—	—	—
10Ni/KIT-6	551	0.86	5.77	2.4	106.0	15.8
10Ni-0.5V/KIT-6	644	0.95	5.76	2.3	144.6	21.6
10Ni-1V/KIT-6	600	0.86	5.50	2.1	182.9	27.3
10Ni-2V/KIT-6	581	0.84	5.48	1.9	177.6	26.5
10Ni-5V/KIT-6	568	0.80	5.38	2.6	182.5	27.2
5Ni-2V/KIT-6	606	0.94	5.82	2.1	27.5	32.8
20Ni-2V/KIT-6	538	0.75	4.99	2.6	138.9	20.7
40Ni-2V/KIT-6	430	0.55	4.42	34.1	92.4	13.8
20Ni-2V/KIT-6-used	—	—	—	2.9	—	—

a 基于 BET 等温式的比表面积;

b 孔体积源自在 $P/P_0 = 0.97$ 的吸附 N₂;

c 采用吸附曲线依据 BJH 方法计算平均孔径;

d 采用德拜-谢乐公式计算 Ni(111)平面上的粒子大小;

e 依据 H₂-TPR 和 H₂-TPD 计算 Ni 物种的分散度。

5.5.2　XRD 测试

对还原后的 20Ni-2V/KIT-6、10Ni-2V/KIT-6 与载体 KIT-6 进行小角 XRD 表征,结果如图 5-11 所示。载体 KIT-6 在 $2\theta = 0.97°$ 具有了一个高分辨 (211) 特征衍射峰以及在 $2\theta = 1.10°$ 具有一个较弱的(220)特征衍射峰,反映了介孔 Si 的 Ia3d 立方孔道结构特征[83]。引入 Ni 和 V 物种后,20Ni-2V/KIT-6 和 10Ni-2V/KIT-6 表现出类似的小角 XRD 特征衍射峰,表明样品的立方介孔结构仍然保持良好,与 N₂ 吸附-脱附测试结果一致。

图 5-12 和图 5-13 描述了所有还原态催化样品的广角 XRD 衍射图。10Ni/KIT-6 和 10Ni-yV/KIT-6 在 2θ 为 44.3° 均展示了相对较弱的 Ni(111) 晶面特征衍射峰,反映了较小 Ni 纳米粒子的形成。值得关注的是,对于 10Ni-5V/KIT-6,过量 V 物种的引入使其广角 XRD 衍射峰峰型较为尖锐。此外,40Ni-2V/KIT-6 在 44.3°、51.8° 和 76.4° 具有 3 个明显的特征衍射峰[70],分别归属为 Ni 粒子的 (111)、(200) 和 (220) 晶面,表明具有较大粒径的 Ni 粒子形成,且在催化剂表面分散度较低,从而减少反应过程中的有效 Ni 活性位,不利于 CO 甲烷化催化性能改善。相反,xNi-2V/KIT-6 (x = 5,10,20) 表现出类似的 Ni 粒子特征衍射峰但峰强度较弱,反映了 Ni 纳米粒子高分散在催化剂上,有利于较小粒径 Ni 纳米粒子形成。此外,在所有催化样品的 XRD 曲线上,并未观察到 Ni^{2+} 和 V 的特征衍射峰,可能是由于这些物种已高分散在 3D-介孔 KIT-6 的立方孔道的表面,就像下面将要分析的 XPS 与 EDX 测试结果。

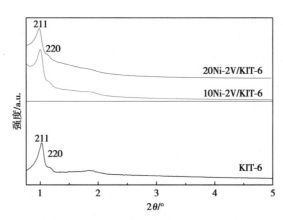

图 5-11　KIT-6、20Ni-2V/KIT-6 和 10Ni-2V/KIT-6 的小角 XRD 衍射图

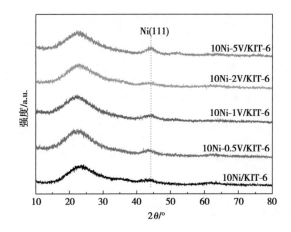

图 5-12　10Ni/KIT-6 和 10Ni-yV/KIT-6 的广角 XRD 衍射图

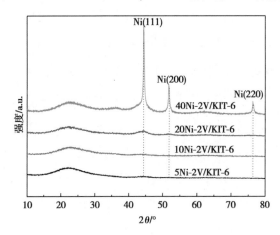

图 5-13　xNi-2V/KIT-6 的广角 XRD 衍射图

样品中 Ni 粒子粒径相关信息总结在表 5-2 中。当 NiO 浓度不超过 20wt%时,所有样品具有较小的 Ni 纳米粒子,其粒径大小为 2 nm 左右,表明了载体 KIT-6 的立方介孔孔道结构对于小粒径 Ni 纳米粒子的形成具有重要的作用。然而,40Ni-2V/KIT-6 具有最大 Ni 粒子,粒径约为 34 nm,可能是由于过量 NiO 的负载导致介孔结构部分破坏,失去介孔结构的限制效应,引起 Ni 粒子聚集。由表 5-2 可知,10Ni/KIT-6 具有最低的 H_2 吸附量和 Ni 分散度,分别为 106.0 μmol/g 和 15.8%,然而在保持相同 NiO 含量情况下,随着 V

浓度增加,其对应的 H_2 吸附量和 Ni 分散度迅速增加,特别是在 VOx 浓度为 1wt%、2wt%或 5wt%时。此外,在保持相同 V_2O_5 浓度的条件下,随着 NiO 浓度从 5wt%增加至 40wt%,Ni 的分散度显著下降,由 32.8% 下降至 13.8%,然而,H_2 吸附量在 NiO 含量为 10wt%时增加至最大为 177.6 μmol/g,而后在 NiO 浓度为 40wt%时下降至 92.4 μmol/g,表明适量 NiO 的负载有利于产生更多的表面 Ni 活性位,提高其催化性能。

5.5.3 FT-IR 测试

采用红外光谱表征技术来研究催化样品的分子结构,如图 5-14 和图 5-15所示。所有样品的 FT-IR 图谱在 464、804、965 和 1 076 cm^{-1}处均具有明显的 Si-O-Si 骨架结构特征峰[59]。804 和 1 076 cm^{-1}吸收峰分别是由 Si-O-Si 对称与非对称伸缩振动引起的,而 464 cm^{-1}的吸收峰是由弯曲振动引起的,965 cm^{-1}吸收峰归结于 Si-OH 的对称伸缩振动模式。相对于载体 KIT-6,所有催化剂的 Si-O-Si 非对称伸缩振动峰向更低波长处发生轻微转移,说明 Ni 和 V 物种被引入至 KIT-6 的立方介孔孔道,从其 EDX 图谱中将得到进一步证明。在所有催化剂中,965 cm^{-1}处的吸收峰强度比载体 KIT-6 的要弱很多,而 2V/KIT-6 在 965 cm^{-1}处的吸收峰几乎消失,反映了催化剂表面的 Si-OH由于 Ni 和 V 物种的引入发生了变化,从而导致了 Si-OH 部分转变成 Si-O-V 键,正如以下拉曼光谱分析。

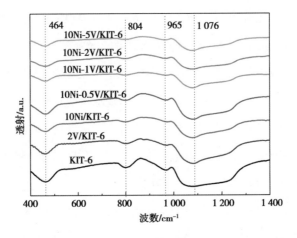

图 5-14　KIT-6、2V/KIT-6、10Ni/KIT-6 和 10Ni-yV/KIT-6 的 FT-IR 光谱

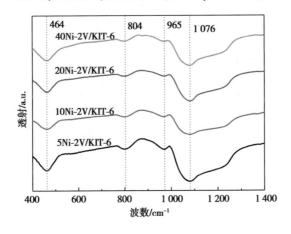

图 5-15　xNi-2V/KIT-6 的 FT-IR 光谱

10Ni/KIT-6 和 10Ni-yV/KIT-6 的拉曼光谱如图 5-16 所示。10Ni/KIT-6 的拉曼光谱在 970 cm^{-1} 和 485 cm^{-1} 处展示了两个明显的特征谱带,分别归属为 Si-O-Si 非对称和对称伸缩振动模式[88]。值得注意的是,在 V 物种添加后,一些新的拉曼谱带出现,而这些谱带明显不同于 10Ni/KIT-6。对 10Ni-2V/KIT-6 而言,773 cm^{-1} 处的拉曼特征峰主要与催化剂表面一种新型的 VO$_x$ 物种的形成有关[89]。由孤立的 VO$_4$ 物种引起的 V=O 伸缩振动在 1 030 cm^{-1} 出峰[90],而 987 cm^{-1} 较弱的拉曼谱带源自不同环境中孤立的 VO$_4$

物种衍生的钒氧化合物。此外,915 cm^{-1} 和 1 060 cm^{-1} 处的拉曼峰源自 V-O-Si 键的伸缩振动[91,92]。然而,对应谱带的峰强度出现下降甚至消失,特别是当 V$_2$O$_5$ 浓度低至 0.5wt% 或 1wt% 时,拉曼谱带从 987 cm^{-1} 转移至 980 cm^{-1}。在 V$_2$O$_5$ 浓度为 5wt% 时,一个广阔的拉曼特征峰与一个尖锐的拉曼特征峰分别在 773 cm^{-1} 和 1 030 cm^{-1} 出现。拉曼测试结果表明适量的 V$_2$O$_5$ 浓度有助于 V-O-Si 键的形成。由图 5-17 可知,除了 773 cm^{-1} 拉曼特征峰,其余拉曼谱带,特别是 915 cm^{-1} 和 1 030 cm^{-1} 处的拉曼谱带,均展示了较弱的拉曼特征峰,并在 NiO 含量为 40wt% 时消失,原因可能是过量的 NiO 覆盖了催化表面的 V 活性位。上述分析进一步揭示了适量的 Ni 和 V 物种对于 Si-O-V 键的形成是十分关键的。

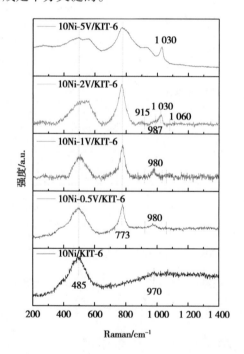

图 5-16　10Ni/KIT-6 和 10Ni-yV/KIT-6 的拉曼光谱

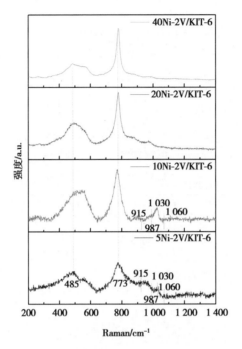

图 5-17　xNi-2V/KIT-6 的拉曼光谱

5.5.4　XPS 测试

图 5-18 对比了所有还原催化剂样品的 Ni 2P$_{3/2}$ XPS。10Ni/KIT-6 的 Ni 2P$_{3/2}$ 的电子结合能为 853.4 eV，代表 Ni^0 的存在，而电子结合能分别为 856.9 eV 和 862.5 eV 的 Ni 2P$_{3/2}$ 峰归属于 Ni^{2+} 的出现，可能是由于样品暴露到空气中引起表面 Ni 的迅速氧化所致[110]。然而相对于 10Ni/KIT-6 （856.9 eV），V 物种改性催化剂的 Ni2P$_{3/2}$ 峰具有更低的电子结合能，表明了 V 物种的引入导致催化剂表面的 Ni 电子云改变，从而引起电子结合能的转移。另外，随着 V$_2$O$_5$ 和 NiO 浓度的增加，Ni^{2+} 的峰面积发生轻微变化，但其出峰位置几乎没有改变。由表 5-3 可知，在相同 NiO 负载量情况下，10Ni-yV/KIT-6 的 Ni^0/（Ni^0+Ni^{2+}）值比 10Ni/KIT-6 更大，表明 V 物种的添加促进更多表面 Ni 活性位产生，并且 20Ni-2V/KIT-6 具有最大的 Ni^0/（Ni^0+Ni^{2+}）值。

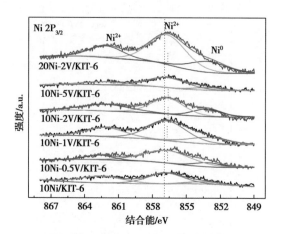

图 5-18　样品中 Ni 2P$_{3/2}$ 的 XPS 光谱

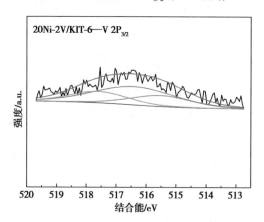

图 5-19　20Ni-2V/KIT-中 V 2P$_{3/2}$ 的 XPS 光谱

表 5-3　样品表面组成与结合能的 XPS 测试结果

催化剂	Ni 2P$_{3/2}$/%		结合能/eV			
	Ni^0	Ni^{2+}	Ni^{2+}	V^{5+}	V^{4+}	V^{3+}
10Ni/KIT-6	9.9	90.1	856.9^a	—	—	—
10Ni-0.5V/KIT-6	13.5	86.5	856.7	—	—	—
10Ni-1V/KIT-6	18.1	81.9	856.7	—	—	—
10Ni-2V/KIT-6	20.4	79.6	856.7	—	—	—
10Ni-5V/KIT-6	12.4	87.6	856.7	—	—	—
2V/KIT-6	—	—	—	517.1	516.2	515.2
20Ni-2V/KIT-6	21.4	78.6	856.7	517.6	516.4	515.5

注：a.测量的误差为±0.1 eV。

　　还原后的 20Ni-2V/KIT-6 和 2V/KIT-6 的 V $2P_{3/2}$ XPS 光谱如图 5-19 和图 5-20 所示。对 2V/KIT-6 进行拟合,拟合后的 V $2P_{3/2}$ XPS 光谱具有 3 个峰,对应的电子结合能为 517.6 eV、516.4 eV 和 515.5 eV,分别归属为 V^{5+}、V^{4+} 和 V^{3+}[51]。与 2V/KIT-6 相比,20Ni-2V/KIT-6 具有更强的电子结合能力,说明了在 V 与 Ni 物种之间发生了电子转移[111]。进一步而言,电子转移有利于增强 Ni($Ni^{0} \rightarrow Ni^{\delta-}$)电子云密度,从而促进 CO 的解离,改善 CO 甲烷化的催化性能。依据以上 XPS 分析结果,可知 V^{3+}、V^{4+} 和 V^{5+} 同时存在于还原的 20Ni-2V/KIT-6 中,促进 Ni 电子云密度的改变,因此可通过不同 V 物种之间的氧化还原循环弱化 C-O 键,进而增强 CO 解离能力,提高催化性能。

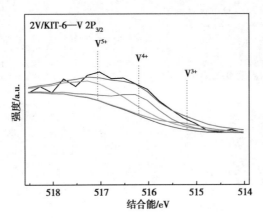

图 5-20　2V/KIT-6 中 V $2P_{3/2}$ 的 XPS 光谱

5.5.5　TEM 表征

　　为深入研究 Ni 粒子形貌和样品结构与催化性能的关系,对样品进行了 TEM 表征,结果描述在图 5-21 中。从图 5-21(a)中可清晰观察到载体 KIT-6 的介孔孔道结构特征,这与小角 XRD 图谱描述的(211)与(220)晶面是一

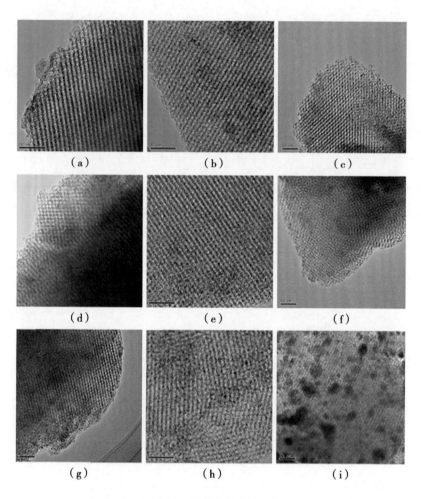

图 5-21 样品中的 TEM 图

（a）KIT-6 和还原后；（b）10Ni/KIT-6；（c）10Ni-0.5V/KIT-6；（d）10Ni-1V/KIT-6；

（e）10Ni-2V/KIT-6；（f）10Ni-5V/KIT-6；（g）5Ni-2V/KIT-6；（h）20Ni-2V/KIT-6；

（i）40Ni-2V/KIT-6

致的。除了 40Ni-2V/KIT-6,其余还原态催化剂仍然保持着规整的介孔孔道结构,说明适量 NiO 与 V₂O₅ 的添加并未破坏载体 KIT-6 的介孔孔道结构。由于过量 NiO 的负载,在 40Ni-2V/KIT-6 催化剂上,观察到严重的 Ni 粒子聚集,从而导致较大 Ni 纳米粒子的形成,不利于其催化性能改善。此外,在其他还原催化剂的 TEM 图上,可观察到较小的 Ni 纳米粒子(由 TEM 图估计 Ni 粒子粒径仅为 2~3 nm)均匀地分散在其立方介孔孔道里,源自 Ni 粒子与载体之间的强相互作用以及有效的 3D 介孔限制效应,从而促进 Ni 粒子高分散在 3D-介孔孔道的内表面,见图 5-21(b—h)。此外,在所有助剂 V 改性催化剂中,并未观察到任何 V 物种的存在,表明 V 物种高分散在催化表面上,这与 XRD 分析结果也是吻合的。图 5-22 的 EDX 图谱进一步证明 Ni、V 元素高分散在 20Ni-2V/KIT-6 的催化内表面上。

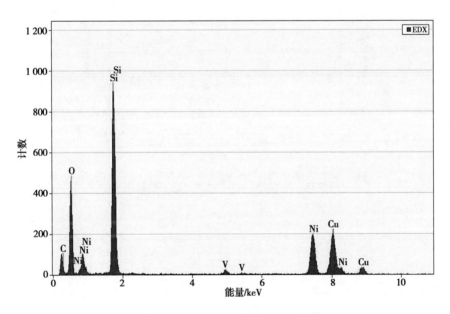

图 5-22　20Ni-2V/KIT-6 的 EDX 图谱

5.6 催化剂稳定性测试

在常压、500 ℃和 60 000 mL/(g·h)空速条件下对 20Ni-2V/KIT-6 进行了 60 h 的稳定性评价,评价结果如图 5-23 所示。在整个测试过程中,20Ni-2V/KIT-6的 CO 转化率与 CH₄ 选择性基本不变,分别为93%和78%,表明 20Ni-2V/KIT-6 在高温 CO 甲烷化反应过程中仍然保持着良好的催化稳定性,归结于适量的 V 与 Ni 的添加使 20Ni-2V/KIT-6 保持着有效的 3D 介孔限制效应,阻止 Ni 纳米粒子在高温反应过程中聚集。

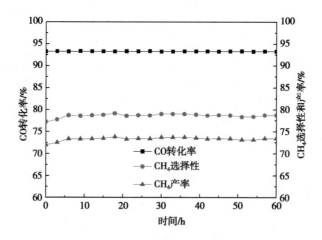

图 5-23　20Ni-2V/KIT-6 的催化稳定性能测试

5.7　稳定性测试后催化剂表征

为了进一步了解稳定性测试后催化剂表面积碳与 Ni 粒子烧结状况,对稳定性测试后 20Ni-2V/KIT-6 进行了 TEM 和 XRD 表征,结果如图 5-24 和图 5-25 所示。在 20Ni-2V/KIT-6 的 TEM 图上,仍然能够清晰地观察到规整有序的介孔孔道结构,并且粒径约为 3 nm 的 Ni 粒子高分散在其立方介孔孔道里。以上观察结果表明 20Ni-2V/KIT-6 具有良好催化稳定性,从而阻止了 Ni 纳米粒子的聚集。此外,稳定性测试后与新鲜的 20Ni-2V/KIT-6 催化剂表现出类似的 Ni 粒子 XRD 特征衍射峰,表明稳定性测试后 Ni 纳米粒子并没有发生烧结。稳定性测试后,20Ni-2V/KIT-6 的 XRD 图谱并未呈现石墨碳的特征衍射峰,与此同时,其对应的 TEM 图上也未有碳膜的存在,反映了在 20Ni-2V/KIT-6 表面上碳沉积程度较小,具有良好的抗积碳性能。

图 5-24　稳定性测试后 20Ni-2V/KIT-6 的 TEM 图

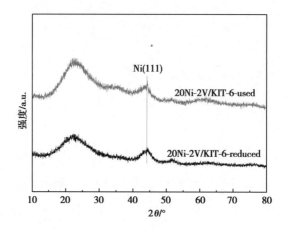

图 5-25　新鲜与稳定性测试后 20Ni-2V/KIT-6 的 XRD 衍射图

5.8　小结

本工作采用浸渍法成功制备了 xNi-yV/KIT-6,探究了 Ni 和 V 物种含量对 CO 甲烷化催化活性与稳定性的影响。对比 10Ni/KIT-6,V 助剂的添加不仅促进了 CO 的解离,增强了 H_2 吸附能力,而且改善了表面活性金属 Ni 的分散度,从而提高 CO 甲烷化的低温催化性能。在所有催化剂中,20Ni-2V/KIT-6 表现出最好的甲烷化催化性能,在低温 300 ℃实现了原料气的完全转化,CH_4 产率高达85%,且在高温60 h 的稳定性评价中,CO 转化率与 CH_4 选择性基本不变,分别为 93% 和 78% 表现出良好的抗烧结与抗积碳性能。这可能是由于适量 Ni 与 V 物种的添加,有助于维持有效的 3D-介孔的限制效应,促进较多高分散、小粒径 Ni 纳米粒子的形成,提供更多的 Ni 活性位,同时适量 V 物种添加也可有效促进 CO 的解离,从而改善其催化活性与稳定性。

第6章 CO甲烷化工艺参数研究

6.1 引言

在前面章节研究中,可知 20Ni-2V/KIT-6 在 CO 甲烷化反应中表现出最好催化活性,并在高温 60 h 稳定性评价中表现出良好的抗烧结与抗积碳性能。在甲烷化过程中,Ni 基催化剂的催化活性[112]、积碳性能[113]以及稳定性[114]等易受工艺条件的影响。系统地研究 H_2/CO 进气比、反应温度、还原温度以及空速等工艺条件对 CO 甲烷化性能有重要的意义。因此,本文采用具有优异催化性能的 20Ni-2V/KIT-6,在连续固定床反应器上进行催化活性评价,并深入探讨不同反应温度、还原温度、H_2/CO 比以及空速等对 CO 甲烷化催化性能的影响。

6.2　实验部分

6.2.1　实验原料与器材

实验过程中所用到的试剂与第 5 章相同，参见表 5-1。所有试剂在使用之前均未进行预处理。

在实验制备过程中用到的主要实验仪器与第 2 章相同，参见表 2-2。

6.2.2　20Ni-2V/KIT-6 催化剂的制备

称取适量载体 KIT-6 采用 EG 预处理后将其浸渍于一定浓度的硝酸镍与对应的 V 助剂溶液中，并使得 NiO 的负载量为 20wt%，对应 V_2O_5 助剂氧化物的含量为 2wt%。于 60 ℃水浴中加热搅拌过夜后转移至真空干燥箱干燥 2 h，之后转移至 100 ℃的干燥箱继续干燥过夜。最后得到的固体产品在 550 ℃下煅烧 4 h 后得助剂改性的目标产物，并命名为 20Ni-2V/KIT-6。

6.2.3　催化剂活性评价

CO 甲烷化活性评价是在连续固定床反应装置上完成的，如图 2-1 所示。在催化剂评价前，首先，将焙烧后催化剂经压片、研磨，筛分成粒径 40~60 目的催化剂颗粒称取适量装入 6 mm 的固定床反应器。于 30 mL/min 的 H_2 气氛中分别在 350 ℃、450 ℃、550 ℃ 和 650 ℃ 下原位还原 2 h。然后降温至反应温度并通入 $H_2 : CO : N_2 = 3 : 1 : 1$ 的反应气，在常压下进行 CO 甲烷化，尾气采用 GC 气相色谱进行在线分析。

采用类似的 CO 活性评价方法，通过控制反应温度、原料气的质量流量以及原料气中 H_2/CO 比例来研究反应温度、空速以及 H_2/CO 比例对 CO 甲烷化的影响。

6.3　反应温度对催化性能的影响

在甲烷化反应过程中，温度是影响催化反应性能的一个重要参数。甲烷化反应为强放热反应，从热力学上，较低反应温度能够促进反应正向进行，而过高反应温度将导致转化率下降；从动力学上，低温会导致较低的反应速率，高温能够促进反应速率的加快。因此，需要在一定的反应温度条件下，保持适当的反应速率，才能充分发挥催化剂的高效性能。图 6-1 为反应温度对 20Ni-2V/KIT-6 的 CO 甲烷化催化性能的影响。在整个测试温度范围内（250~400 ℃），20Ni-2V/KIT-6 的选择性和转化率具有相同的变化趋势。在低温 300 ℃ 以下，随着反应温度的增加，20Ni-2V/KIT-6 的转化率和选择性迅速增加，在 300 ℃ 原料 CO 的绝大部分转化，其选择性达到 86.7%，之后随反应温度的增加其转化率和选择性保持不变，375 ℃ 之后，转化率和选择性随着温度的增加具有轻微下降趋势，400 ℃ 时其转化率和选择性分别为 99.4% 和 85.8%。由此可知，为保持较高的甲烷产率同时抑制副反应的产生，其最佳的反应温度应维持在 325 ℃，在后续反应中，保持反应在 325 ℃ 条件下考察其他变量对 20Ni-2V/KIT-6 的催化性能的影响。

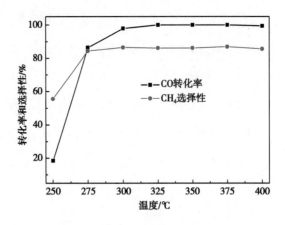

图 6-1　反应温度对催化性能的影响

6.4　还原温度对催化性能的影响

图 6-2 描述了在 20Ni-2V/KIT-6 催化剂上,还原温度对 CO 甲烷化催化性能的影响。很明显,在低于 550 ℃的温度条件下对 20Ni-2V/KIT-6 还原,其还原温度对 CO 的转化率影响并不大,然而在高于 550 ℃的条件下对其进行还原,其对应的 CO 转化率具有明显下降的趋势。此外,从图 6-2 中可明显观察到,最佳的选择性对应于还原温度为 550 ℃,较高或较低的还原温度都不利于其选择性的提高。由此可知,还原温度对 CO 的转化率和选择性具有重要的影响,为保持较高的催化性能,其最佳的还原温度选择为 550 ℃。

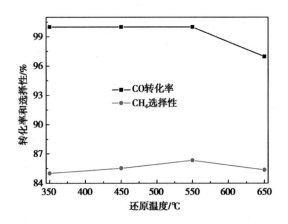

图 6-2　还原温度对催化性能的影响

6.5　空速对催化性能的影响

催化样品 20Ni-2V/KIT-6 经 550 ℃ 还原后,在 325 ℃ 测试不同空速对 CO 甲烷化催化反应性能的影响,结果如图 6-3 所示。在 45 000~90 000 mL/(g·h)空速条件下,CO 转化率随空速的增大首先保持不变,然后随空速的增大逐渐降低,其选择性呈现先上升后下降的趋势,且在 60 000 mL/(g·h)空速的条件下达到最大,为 86.3%。气体空速大小反映了反应物在催化表面上停留时间长短,空速小意味着停留时间长,从而增加反应深度,有助于转化率的提高,然而较低的空速可引起副反应的发生,进而导致较低的产品选择性;空速大降低了反应物在催化表面的停留时间,反应深度浅,从而降低其催化活性。综上可知,在 60 000 mL/(g·h)空速的条件下其选择性最佳,CO 甲烷化的催化性能最好,因此在后续的反应过程中保持在该空速下进行。

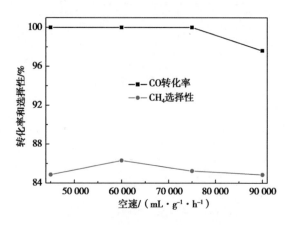

图 6-3　空速对催化性能的影响

6.6　H₂/CO 对催化性能的影响

由于在不同条件下煤气化炉所得到的产品气中的组成各不相同,例如,托普索公司气化炉的产品气调整为 H_2/CO 为 3,而德士古气化炉得到的合成气中 H_2/CO 为 1,本书选择 H_2/CO 为 1~4 的范围对 20Ni-2V/KIT-6 的 CO 甲烷化催化性能进行考察,结果如图 6-4 所示。当 H_2/CO 为 1 时,其 CO 的转化率和 CH_4 选择性最小,分别为 32.4% 和 68.2%,低 H_2/CO 比时副产物产生速度较慢,而生成 CH_4 速率较快,同时载体 KIT-6 的双螺旋立方介孔结构有助于产物 CH_4 的转移和扩散,从而改善 CH_4 选择性。随着 H_2/CO 的增大,对应于反应气中 H_2 的分压增大,促进了 H 原子与相对较多的催化剂表面的吸附解离碳反应,从而提高 CO 转化率。H_2 分压的增加同时也抑制了水煤气等副反应的发生,进而提高了催化选择性,当 $H_2/CO=3$ 时,20Ni-2V/KIT-6 表现较高的催化性能,其转化率保持 100%,CH_4 选择性为 86%,且

H_2/CO 比增大至 4 时,CH_4 选择性轻微增加,仅为 88%。总体而言,H_2/CO 对催化性能具有重要影响,结合 CH_4 产率考虑,H_2/CO 选择稍大于 3 较为适宜。

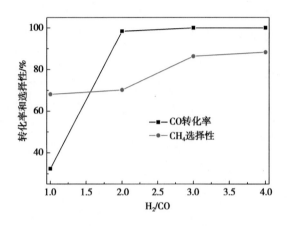

图 6-4　H_2/CO 对催化性能的影响

6.7　小结

本章采用浸渍法制备了催化剂 20Ni-2V/KIT-6,在连续固定床反应器上对其进行了催化评价,并系统地探究了不同反应温度、还原温度、空速以及 H_2/CO 等对 CO 甲烷化催化性能的影响,得到如下结论:

①由于 CO 甲烷化是强放热反应,反应温度对催化性能具有重要影响,低温导致较低的反应速率,然而高温易引起副反应的发生,因此为保持高效催化性能,最佳反应温度选择为 325 ℃。

②较高或者较低的还原温度不利于 CO 转化率和选择性提高,通过优化还原温度对催化性能的影响,得出最佳的还原温度为 550 ℃。

③低空速虽然促进转化率的改善,但由于其导致副反应的发生不利于选择性的提高;而较大空速因反应停留时间短,从而不利于其催化转化率提高,为保持最佳的催化性能,本研究选择空速为 60 000 mL/(g·h)。

④H_2/CO 对催化剂的催化性能具有重要的影响,结合 CH_4 产率考虑,H_2/CO 选择稍大于 3 较为适宜。

第 7 章　结论与展望

7.1　结论

　　通过 CO 甲烷化反应制备合成天然气在环保、能源与化工等领域具有重要意义。本文分别以 CO 为甲烷化原料,以开发高效甲烷化催化材料为研究目标,深入探讨了催化结构、组成、工艺条件与催化性能之间的关系,具体结论如下:

　　①与常用载体 Al_2O_3 相比,在常压、250~450 ℃和 60 000 mL/(g·h)空速的 CO 甲烷化评价中,3D-介孔 KIT-6 作为载体表现出较好催化性能,对应于几乎 100%的 CO 转化率与 75%的 CH_4 产率;对比不同制备方法,其中 Ni/KIT-6(EG)具有更好的催化活性与高温稳定性,归结于其具有最大的 H_2 吸附量(106.0 μmol/g)与最高的活性金属 Ni 分散度(15.8%)以及有效的 3D 介孔限制效应。

　　②与 10Ni/KIT-6 相比,助剂(V、Ce、La、Mn)的添加改善了 CO 甲烷化催化性能,且 10Ni-2V/KIT-6 具有最好的催化性能,在低温 350 ℃原料气

已完全转化,CH_4 收率高达 85%,并在高温 60 h 稳定性测试中表现出优异的催化稳定性能,可能是由于 Ni 纳米粒子的高分散性（26.5%）、改善的还原性能与金属载体之间的强相互作用以及有效的 3D 介孔限制效应,从而有利于较小 Ni 纳米粒子的形成,可产生较多的 Ni 活性位,并能阻止 Ni 纳米粒子在高温还原与 CO 甲烷化过程中发生聚集,改善其催化活性与稳定性。

③对 V 改性催化剂的 $Ni_{10}V_2$（111）晶面进行 DFT 计算,通过对比 Ni（111）晶面,可知助剂 V 的添加使得 $Ni_{10}V_2$（111）晶面含有两种强弱不同的吸附位,有利于最初的 CO 加氢催化反应,同时促进中间产物 CHx 或者产物 CH_4 的脱附,促进表面活性位的快速再生,并加快催化周转率,从而改善了 CO 甲烷化催化性能。

④对 10Ni-2V/KIT-6 进行 V 与 Ni 含量优化,当 V 与 Ni 含量分别为 2wt% 和 20wt% 时,其在 CO 甲烷化反应过程中表现出最佳的催化性能,对应于 CO 转化率与 CH_4 产率分别为 100% 和 85%（低温 300 ℃）。同时在高温 60 h 的稳定性评价中,CO 转化率与 CH_4 选择性基本不变,分别为 93% 和 78%,表现出较好的抗烧结与抗积碳性能。表征结果表明适量的 V 与 Ni,有助于维持有效的 3D-介孔的限制效应,促进较多高分散、小粒径 Ni 纳米粒子的形成,提供更多的 Ni 活性位,同时适量 V 物种添加也可有效促进 CO 的解离,从而改善其催化活性与稳定性。

⑤在连续固定床反应器上对 20Ni-2V/KIT-6 进行了催化评价,并系统地探究了不同反应温度、还原温度、空速以及 H_2/CO 等对 CO 甲烷化催化性能的影响,结果表明最佳工艺条件为反应温度 325 ℃、还原温度 350 ℃,空速 60 000 mL/（g·h）以及稍高于 3 的 H_2/CO 比。

7.2 创新点

本书的创新点主要有：

①本书将 3D-介孔 KIT-6 引入 Ni 基甲烷化催化剂的制备,采用乙二醇预处理载体,实现了有效的 3D 介孔限制效应,为高效甲烷化催化剂的制备提供新方法。

②构筑了(V、Ce、La、Mn)助剂掺杂的 KIT-6 负载 Ni 基催化剂,改善了 Ni 粒子还原性能,促进了高分散小粒径 Ni 纳米粒子的形成,产生了更多的表面活性 Ni 物种,揭示了不同助剂与催化剂结构和性能之间的作用规律;基于 V 改性催化剂的 Ni (111)晶面的 DFT 计算,深入了解 V 助剂与 CO 甲烷化催化性能之间的关系。

③以 CO 为甲烷化原料,基于 3D-介孔 KIT-6 负载的 Ni 基催化剂,通过调变助剂 V 与活性金属 Ni 含量以调控 Ni 分散度、H_2 吸附量、Ni 周围电子云密度以及金属与载体之间的相互作用,维持有效的 3D-介孔的限制效应,建立催化剂结构与催化性能的内在关联。

④考察不同反应温度、还原温度、空速以及 H_2/CO 等对 CO 甲烷化催化性能的影响,同时实现了催化剂结构-性能与工艺条件的优化,为高效 CO 甲烷化催化材料的设计发展提供了系统方案。

7.3 展望

由于时间与客观条件等限制,本书的研究工作不可避免地存在不完善的地方,仍然需要开展进一步的研究工作,主要涉及以下几方面内容:

①本书创新性地将 3D-介孔 KIT-6 载体应用于 Ni 基甲烷化催化剂中,并在制备过程中引入有效的介孔限制效应,得到高分散的小粒径 Ni 纳米粒子,在甲烷化反应中表现出优异的催化性能,然而,在 KIT-6 载体合成过程中,调变合成条件可得到不同孔径的 KIT-6,其对应的限制效应是否对 Ni 纳米粒子尺寸大小及分散度产生相应的影响,进而改变其甲烷化催化性能,有待于进一步研究。

②本书探讨了不同助剂改性的 Ni 基催化剂对甲烷化催化性能的影响,其中 V 助剂具有最佳促进效果,通过不同表征手段深入研究了助剂效应与催化结构和催化性能之间的构效关系,并采用 DFT 计算从理论上深入探讨了助剂 V 对 CO 甲烷化促进效应,但并未对该催化剂的甲烷化的反应机理进行系统研究,因此下一步工作可以结合原位 FT-IR 以及 DFT 计算进行机理研究。

③虽然我国拥有丰富的煤炭资源,依托我国的煤炭资源,获取煤制天然气需要经过煤气化、变换和净化等过程,仍然造成大量 CO_2 的释放,从而导致空气中 CO_2 浓度逐年增加,加速全球气温的急剧升高,引起温室效应,解决问题的途径之一就是要开发高效的煤气化技术和 CO 甲烷化工艺。同时,随着可再生能源制氢技术的发展,利用价格低廉、来源广泛 CO_2 作为甲烷化的原料,不仅实现 CO_2 的资源化利用,同时也进一步缓解了温室效应。因此,除了 CO 甲烷化反应之外,开发 CO_2 甲烷化在未来更有广阔的前景。

参考文献

[1] 胡徐腾. 我国化石能源清洁利用前景展望[J]. 化工进展, 2017, 36 (9): 3145-3151.

[2] Tollefson J. CO_2 emissions set to spike in 2017[J]. *Nature*, 2017, 551 (7680): 283.

[3] Thakur I S, Kumar M, Varjani S J, et al. Sequestration and utilization of carbon dioxide by chemical and biological methods for biofuels and biomaterials by chemoautotrophs: Opportunities and challenges [J]. *Bioresource Technology*, 2018, 256: 478-490.

[4] Kopyscinski J, Schildhauer T J, Biollaz S M A. Production of synthetic natural gas (SNG) from coal and dry biomass-A technology review from 1950 to 2009[J]. *Fuel*, 2010, 89(8): 1763-1783.

[5] Rönsch S, Schneider J, Matthischke S, et al. Review on methanation-From fundamentals to current projects[J]. *Fuel*, 2016, 166: 276-296.

[6] Materazzi M, Grimaldi F, Foscolo P U, et al. Analysis of syngas methanation for bio-SNG production from wastes: kinetic model development and pilot scale validation [J]. *Fuel Processing Technology*, 2017, 167:

292-305.

[7] 赵亮, 陈允捷. 国外甲烷化技术发展现状[J]. 化工进展, 2012, 31: 176-178.

[8] Yi Q, Wu G S, Gong M H, et al. A feasibility study for CO_2 recycle assistance with coke oven gas to synthetic natural gas[J]. *Applied Energy*, 2017, 193: 149-161.

[9] 曾艳. 燃烧法制备 Ni 基甲烷化催化剂的研究[D]. 上海: 华东理工大学, 2015.

[10] Gao J J, Liu Q, Gu F N, et al. Recent advances in methanation catalysts for the production of synthetic natural gas[J]. *RSC Advances*, 2015, 5 (29): 22759-22776.

[11] Scirè S, Fiorenza R, Gulino A, et al. Selective oxidation of CO in H_2-rich stream over ZSM5 zeolites supported Ru catalysts: An investigation on the role of the support and the Ru particle size[J]. *Applied Catalysis A: General*, 2016, 520: 82-91.

[12] Gao J J, Wang Y L, Ping Y, et al. A thermodynamic analysis of methanation reactions of carbon oxides for the production of synthetic natural gas [J]. *RSC Advances*, 2012, 2(6): 2358-2368.

[13] Li Y K, Zhang Q F, Chai R J, et al. Structured $Ni-CeO_2-Al_2O_3$/Ni-foam catalyst with enhanced heat transfer for substitute natural gas production by syngas methanation[J]. *Chem Cat Chem*, 2015, 7(9): 1427-1431.

[14] Czekaj I, Loviat F, Raimondi F, et al. Characterization of surface processes at the Ni-based catalyst during the methanation of biomass-derived synthesis gas: X-ray photoelectron spectroscopy (XPS) [J]. *Applied Catalysis A:General*, 2007, 329: 68-78.

[15] Mills G A, Steffgen F W. Catalytic methanation[J]. *Catalysis Reviews*, 1974, 8(1): 159-210.

[16] Mccarty J G, Wise H. Hydrogenation of surface carbon on alumina-supported nickel[J]. *Journal of Catalysis*, 1979, 57(3): 406-416.

[17] Mori T, Masuda H, Imai H, et al. Kinetics, isotope effects, and mechanism for the hydrogenation of carbon monoxide on supported nickel catalysts[J]. *Journal of Physical Chemistry*, 1982, 86(14): 2753-2760.

[18] Han X X, Yang J Z, Guo H L, et al. Mechanism studies concerning carbon deposition effect of CO methanation on Ni-based catalyst through DFT and TPSR methods[J]. *International Journal of Hydrogen Energy*, 2016, 41(20): 8401-8411.

[19] Lucchini M A, Testino A, Kambolis A, et al. Sintering and coking resistant core-shell microporous silica-nickel nanoparticles for CO methanation: Towards advanced catalysts production[J]. *Applied Catalysis B: Environmental*, 2016, 182: 94-101.

[20] Fischer F, Tropsch H, Dilthey P. Reduction of carbon monoxide to methane in the presence of various metals[J]. *Brennstoff-chemie*, 1925, 6: 265-271.

[21] Yaccato K, Carhart R, Hagemeyer A, et al. Competitive CO and CO_2 methanation over supported noble metal catalysts in high throughput scanning mass spectrometer[J]. *Applied Catalysis A: General*, 2005, 296(1): 30-48.

[22] Vannice M A. The Catalytic synthesis of hydrocarbons from carbon monoxide and hydrogen[J]. *Catalysis Reviews*, 1976, 14(1): 153-191.

[23] Takenaka S, Shimizu T, Otsuka K. Complete removal of carbon monoxide

in hydrogen-rich gas stream through methanation over supported metal catalysts[J]. *International Journal of Hydrogen Energy*, 2004, 29 (10): 1065-1073.

[24] Kimura M, Miyao T, Komori S, et al. Selective methanation of CO in hydrogen-rich gases involving large amounts of CO_2 over Ru-modified Ni-Al mixed oxide catalysts[J]. *Applied Catalysis A: General*, 2010, 379(1-2): 182-187.

[25] Yuan C, Yao N, Wang X, et al. The SiO_2 supported bimetallic Ni-Ru particles: A good sulfur-tolerant catalyst for methanation reaction [J]. *Chemical Engineering Journal*, 2015, 260: 1-10.

[26] Gogate M R, Davis R J. Comparative study of CO and CO_2 hydrogenation over supported Rh-Fe catalysts[J]. *Catalysis Communications*, 2010, 11 (10): 901-906.

[27] Razzaq R, Li C S, Usman M, et al. A highly active and stable $Co_4N/\gamma\text{-}Al_2O_3$ catalyst for CO and CO_2 methanation to produce synthetic natural gas (SNG) [J]. *Chemical Engineering Journal*, 2015, 262: 1090-1098.

[28] Wang Y Z, Wu R F, Zhao Y X. Effect of ZrO_2 promoter on structure and catalytic activity of the Ni/SiO_2 catalyst for CO methanation in hydrogen-rich gases[J]. *Catalysis Today*, 2010, 158(3-4): 470-474.

[29] Levin I, Brandon D. Metastable alumina polymorphs: crystal structures and transition sequences[J]. *Journal of the American Ceramic Society*, 1998, 81(8): 1995-2012.

[30] Andersson M P, Abild-Pedersen F, Remediakis I N, et al. Structure sensitivity of the methanation reaction: H_2-induced CO dissociation on nickel

surfaces[J]. *Journal of Catalysis*, 2008, 255(1): 6-19.

[31] Hu D C, Gao J J, Ping Y, et al. Enhanced investigation of CO methanation over Ni/Al$_2$O$_3$ catalysts for synthetic natural gas production [J]. *Industrial & Engineering Chemistry Research*, 2012, 51 (13): 4875-4886.

[32] Veen G V, Kruissink E C, Doesburg E B M, et al. The effect of preparation conditions on the activity and stability of copreciptitated Ni/Al$_2$O$_3$ catalysts for the methanation of carbon monoxide[J]. *Reaction Kinetics & Catalysis Letters*, 1978, 9(2): 143-148.

[33] Shi P, Liu C J. Characterization of silica supported nickel catalyst for methanation with improved activity by room temperature plasma treatment [J]. *Catalysis Letters*, 2009, 133(1-2): 112-118.

[34] Fujita S, Takezawa N. Difference in the selectivity of CO and CO$_2$ methanation reactions[J]. *Chemical Engineering Journal*, 1997, 68(1): 63-68.

[35] Yan X L, Liu Y, Zhao B R, et al. Methanation over Ni/SiO$_2$: effect of the catalyst preparation methodologies[J]. *International Journal of Hydrogen Energy*, 2013, 38(5): 2283-2291.

[36] Shinde V M, Madras G. CO methanation toward the production of synthetic natural gas over highly active Ni/TiO$_2$ catalyst[J]. *Aiche Journal*, 2014, 60(3): 1027-1035.

[37] Silva D C D D, Letichevsky S, Borges L E P, et al. The Ni/ZrO$_2$ catalyst and the methanation of CO and CO$_2$[J]. *International Journal of Hydrogen Energy*, 2012, 37(11): 8923-8928.

[38] Zhan J S, Guo C L, Zhang J T, et al. Effects of TiO$_2$ promoter on the catalytic performance of Ni/Al$_2$O$_3$ in CO methanation [J]. *Journal of Fuel*

Chemistry & Technology, 2012, 40(5): 589-593.

[39] Guo C L, Wu Y Y, Qin H Y, et al. CO methanation over ZrO$_2$/Al$_2$O$_3$ supported Ni catalysts: a comprehensive study[J]. *Fuel Processing Technology*, 2014, 124: 61-69.

[40] Yu Y, Jin G Q, Wang Y Y, et al. Synthetic natural gas from CO hydrogenation over silicon carbide supported nickel catalysts[J]. *Fuel Processing Technology*, 2011, 92(12): 2293-2298.

[41] Wang H, Fang Y Z, Liu Y, et al. Perovskite LaFeO$_3$ supported bi-metal catalyst for syngas methanation[J]. *Journal of Natural Gas Chemistry*, 2012, 21(6): 745-752.

[42] Yang X Z, Wendurima, Gao G J, et al. Impact of mesoporous structure of acid-treated clay on nickel dispersion and carbon deposition for CO methanation[J]. *International Journal of Hydrogen Energy*, 2014, 39(7): 3231-3242.

[43] Zhang J Y, Xin Z, Meng X, et al. Synthesis, characterization and properties of anti-sintering nickel incorporated MCM-41 methanation catalysts[J]. *Fuel*, 2013, 109: 693-701.

[44] Tao M, Meng X, Lv Y H, et al. Effect of impregnation solvent on Ni dispersion and catalytic properties of Ni/SBA-15 for CO methanation reaction [J]. *Fuel*, 2016, 165: 289-297.

[45] 魏文龙. 负载型纳米 CeO 复合载体的制备及其性能的研究[D]. 南昌: 南昌大学, 2007.

[46] Tada S, Kikuchi R, Takagaki A, et al. Effect of metal addition to Ru/TiO$_2$ catalyst on selective CO methanation[J]. *Catalysis Today*, 2014, 232: 16-21.

[47] 康慧敏, 蒋福宏, 王大祥. 城市煤气甲烷化低镍催化剂的研究[J]. 化学工业与工程, 1993, 10(3): 6.

[48] Xavier K O, Sreekala R, Rashid K K A, et al. Doping effects of cerium oxide on Ni/Al$_2$O$_3$ catalysts for methanation[J]. *Catalysis Today*, 1999, 49(1-3): 17-21.

[49] Zhang J Y, Xin Z, Meng X, et al. Effect of MoO$_3$ on structures and properties of Ni-SiO$_2$ methanation catalysts prepared by the hydrothermal synthesis method[J]. *Industrial & Engineering Chemistry Research*, 2013, 52 (41): 14533-14544.

[50] Kustov A L, Frey A M, Larsen K E, et al. CO methanation over supported bimetallic Ni-Fe catalysts: from computational studies towards catalyst optimization[J]. *Applied Catalysis A: General*, 2007, 320: 98-104.

[51] Li H D, Ren J, Qin X, et al. Ni/SBA-15 catalysts for CO methanation: effects of V, Ce and Zr promoters[J]. *RSC Advances*, 2015, 5(117): 96504-96517.

[52] Zhao A M, Ying W Y, Zhang H T, et al. Ni/Al$_2$O$_3$ catalysts for syngas methanation: effect of Mn promoter[J]. *Journal of Natural Gas Chemistry*, 2012, 21(2): 170-177.

[53] Wiglusz R J, Grzyb T, Lis S, et al. Preparation and spectroscopy characterization of Eu: MgAl$_2$O$_4$ nanopowder prepared by modified Pechini method[J]. *Journal of Nanoscience Nanotechnology*, 2009, 9(10): 5803-5810.

[54] Znak L, Kaszkur Z, Zieliński J. Evolution of metal phase in the course of CO hydrogenation on potassium promoted Ni/Al$_2$O$_3$ catalyst[J]. *Catalysis Letters*, 2009, 136(1-2): 92-95.

[55] 胡常伟, 陈豫, 王文灼, 等. 添加钠对低镍甲烷化催化剂结构性能的影响[J]. 分子催化, 1992, 6(4): 263-270.

[56] Zhang J Y, Xin Z, Meng X, et al. Effect of MoO_3 on the heat resistant performances of nickel based MCM-41 methanation catalysts[J]. *Fuel*, 2014, 116: 25-33.

[57] Bian Z C, Meng X, Tao M, et al. Effect of MoO_3 on catalytic performance and stability of the SBA-16 supported Ni-catalyst for CO methanation[J]. *Fuel*, 2016, 179: 193-201.

[58] Liu Q, Tian Y Y. One-pot synthesis of NiO/SBA-15 monolith catalyst with a three-dimensional framework for CO_2 methanation[J]. *International Journal of Hydrogen Energy*, 2017, 42(17): 12295-12300.

[59] Liu Z C, Zhou J, Cao K, et al. Highly dispersed nickel loaded on mesoporous silica: one-spot synthesis strategy and high performance as catalysts for methane reforming with carbon dioxide[J]. *Applied Catalysis B: Environmental*, 2012, 125: 324-330.

[60] Guo Y H, Xia C, Liu B S. Catalytic properties and stability of cubic mesoporous LaxNiyOz/KIT-6 catalysts for CO_2 reforming of CH_4[J]. *Chemical Engineering Journal*, 2014, 237: 421-429.

[61] Xia H, Zhang F M, Zhang Z F, et al. Synthesis of functional xLayMn/KIT-6 and features in hot coal gas desulphurization[J]. *Physical Chemistry Chemical Physics*, 2015, 17(32): 20667-20676.

[62] Liu Q, Gu F N, Lu X P, et al. Enhanced catalytic performances of Ni/Al_2O_3 catalyst via addition of V_2O_3 for CO methanation[J]. *Applied Catalysis A: General*, 2014, 488: 37-47.

[63] Liu Q, Gu F N, Gao J J, et al. Coking-resistant Ni-ZrO_2/Al_2O_3 catalyst for

CO methanation [J]. *Journal of Energy Chemistry*, 2014, 23 (6): 761-770.

[64] Li X Q, Tong D M, Hu C W. Efficient production of biodiesel from both esterification and transesterification over supported SO_4^{2-}-MoO_3-ZrO_2-Nd_2O_3/SiO_2 catalysts [J]. *Journal of Energy Chemistry*, 2015, 24(4): 463-471.

[65] Zyryanova M M, Snytnikov P V, Gulyaev R V, et al. Performance of Ni/CeO_2 catalysts for selective CO methanation in hydrogen-rich gas [J]. *Chemical Engineering Journal*, 2014, 238: 189-197.

[66] Lv X Y, Chen J F, Tan Y S, et al. A highly dispersed nickel supported catalyst for dry reforming of methane [J]. *Catalysis Communications*, 2012, 20: 6-11.

[67] Chen X, Jin J H, Sha G Y, et al. Silicon-nickel intermetallic compounds supported on silica as a highly efficient catalyst for CO methanation [J]. *Catalysis Science & Technology*, 2014, 4(1): 53-61.

[68] Kleitz F, Bérubé F, Guillet-Nicolas R, et al. Probing adsorption, pore condensation, and hysteresis behavior of pure fluids in three-dimensional cubic mesoporous KIT-6 silica [J]. *Journal of Physical Chemistry C*, 2010, 114(20): 9344-9355.

[69] Zhang D Q, Duan A J, Zhao Z, et al. Synthesis, characterization, and catalytic performance of NiMo catalysts supported on hierarchically porous Beta-KIT-6 material in the hydrodesulfurization of dibenzothiophene [J]. *Journal of Catalysis*, 2010, 274(2): 273-286.

[70] Lu B W, Kawamoto K. Direct synthesis of highly loaded and well-dispersed NiO/SBA-15 for producer gas conversion [J]. *RSC Advances*, 2012, 2

(17): 6800-6805.

[71] Qiu S B, Zhang X, Liu Q Y, et al. A simple method to prepare highly active and dispersed Ni/MCM-41 catalysts by co-impregnation [J]. *Catalysis Communications*, 2013, 42: 73-78.

[72] Zhang Q, Wang T J, Li B, et al. Aqueous phase reforming of sorbitol to bio-gasoline over Ni/HZSM-5 catalysts [J]. *Applied Energy*, 2012, 97: 509-513.

[73] Wu C F, Wang L Z, Williams P T, et al. Hydrogen production from bio-mass gasification with Ni/MCM-41 catalysts: influence of Ni content [J]. *Applied Catalysis B: Environmental*, 2011, 108: 6-13.

[74] Happel J, Suzuki I, Kokayeff P, et al. Multiple isotope tracing of methanation over nickel catalyst [J]. *Journal of Catalysis*, 1980, 65(1): 59-77.

[75] Velu S, Gangwal S K. Synthesis of alumina supported nickel nanoparticle catalysts and evaluation of nickel metal dispersions by temperature programmed desorption [J]. *Solid State Ionics*, 2006, 177(7): 803-811.

[76] Zeng Y, Ma H, Zhang H, et al. Ni-Ce-Al composite oxide catalysts synthesized by solution combustion method: enhanced catalytic activity for CO methanation [J]. *Fuel*, 2015, 162: 16-22.

[77] Zhi G J, Guo X N, Wang Y Y, et al. Effect of La_2O_3 modification on the catalytic performance of Ni/SiC for methanation of carbon dioxide [J]. *Catalysis Communications*, 2011, 16(1): 56-59.

[78] Zhao A M, Ying W Y, Zhang H T, et al. Ni-Al_2O_3 catalysts prepared by solution combustion method for syngas methanation [J]. *Catalysis Communications*, 2012, 17: 34-38.

[79] Liu J, Li C M, Wang F, et al. Enhanced low-temperature activity of CO_2

methanation over highly-dispersed Ni/TiO₂ catalyst[J]. *Catalysis Science & Technology*, 2013, 3(10): 2627-2633.

[80] Fang J S, Zhang Y W, Zhou Y M, et al. In-situ formation of supported Au nanoparticles in hierarchical yolk-shell CeO₂/mSiO₂ structures as highly reactive and sinter-resistant catalysts[J]. *Journal of Colloid and Interface Science*, 2017, 488: 196-206.

[81] Xu P, Wu Z X, Deng J G, et al. Catalytic performance enhancement by alloying Pd with Pt on ordered mesoporous manganese oxide for methane combustion[J]. *Chinese Journal of Catalysis*, 2017, 38(1): 92-105.

[82] Sun J, Yu G L, Liu L L, et al. Core-shell structured Fe₃O₄@ SiO₂ supported cobalt(Ⅱ) or copper(Ⅱ) acetylacetonate complexes: magnetically recoverable nanocatalysts for aerobic epoxidation of styrene[J]. *Catalysis Science & Technology*, 2014, 4(5): 1246-1252.

[83] Liu X Y, Tian B Z, Yu C Z, et al. Room-temperature synthesis in acidic media of large-pore three-dimensional bicontinuous mesoporous silica with Ia3d symmetry[J]. *Angewandte Chemie (International Edition)*, 2002, 41(20): 3876-3878.

[84] Piumetti M, Bonelli B, Massiani P, et al. Effect of vanadium dispersion and of support properties on the catalytic activity of V-containing silicas [J]. *Catalysis Today*, 2012, 179(1): 140-148.

[85] Fu Y Y, Wu Y N, Cai W J, et al. Promotional effect of cerium on nickel-containing mesoporous silica for carbon dioxide reforming of methane[J]. *Science China (Chemistry)*, 2015, 58(1): 148-155.

[86] Zhan W C, Guo Y L, Wang Y Q, et al. Synthesis of lathanum or La-B doped KIT-6 mesoporous materials and their application in the catalytic oxi-

dation of styrene[J]. *Journal of Rare Earths*, 2010, 28(3): 369-375.

[87] Tomer V K, Duhan S, Adhyapak P V, et al. Mn-loaded mesoporous silica nanocomposite: a highly efficient humidity sensor[J]. *Journal of the American Ceramic Society*, 2015, 98(3): 741-747.

[88] Ricchiardi G, Damin A, Bordiga S, et al. Vibrational structure of titanium silicate catalysts. A spectroscopic and theoretical study[J]. *Journal of the American Chemical Society*, 2001, 123(46): 11409-11419.

[89] Gao X T, Bare S R, Weckhuysen B M, et al. In situ spectroscopic investigation of molecular structures of highly dispersed vanadium oxide on silica under various conditions[J]. *Journal of Physical Chemistry B*, 1998, 102 (52): 10842-10852.

[90] Liu Q L, Li J M, Zhao Z, et al. Design, synthesis and catalytic performance of vanadium-incorporated mesoporous silica KIT-6 catalysts for the oxidative dehydrogenation of propane to propylene[J]. *Catalysis Science & Technology*, 2016, 6(15): 5927-5941.

[91] Xiong G, Li C, Li H Y, et al. Direct spectroscopic evidence for vanadium species in V-MCM-41 molecular sieve characterized by UV resonance Raman spectroscopy[J]. *Chemical Communications*, 2000, 8: 677-678.

[92] Du G A, Lim S Y, Pinault M, et al. Synthesis, characterization, and catalytic performance of highly dispersed vanadium grafted SBA-15 catalyst[J]. *Journal of Catalysis*, 2008, 253(1): 74-90.

[93] Fermi E. Statistical method to determine some properties of atoms[J]. *Rendiconti Lincei*, 1927, 6: 602-607.

[94] Hohenberg P, Kohn W. Inhomogeneous electron gas[J]. *Physical Review*, 1964, 136(3B): B864-B871.

［95］胡伟. 碳纳米材料的第一性原理研究［D］. 合肥：中国科学技术大学, 2013.

［96］Kohn W, Sham L J. Self-consistent equations including exchange and correlation effects［J］. *Physical Review*, 1965, 140(4A)：A1133-A1138.

［97］Ren J, Guo H L, Yang J Z, et al. Insights into the mechanisms of CO_2 methanation on Ni(111) surfaces by density functional theory［J］. *Applied Surface Science*, 2015, 351：504-516.

［98］彭超, 陈建富, 王海丰, 等. $Ni/Ce_{0.75}Zr_{0.25}O_2$ 界面催化 CO_2 甲烷化密度泛函理论研究［J］. 中国科学：化学, 2015, 12：1291-1298.

［99］Li K, Yin C, Zheng Y, et al. DFT study on the methane synthesis from syngas on Cerium-Doped Ni (111) surface［J］. *Journal of Physical Chemistry C*, 2016, 120(40)：23030-23043.

［100］Yang K W, Zhang M H, Yu Y Z. Effect of transition metal-doped Ni (211) for CO dissociation：insights from DFT calculations［J］. *Applied Surface Science*, 2017, 399：255-264.

［101］Kresse G, Joubert D. From ultrasoft pseudopotentials to the projector augmented-wave method［J］. *Physical Review B*, 1999, 59(3)：1758-1775.

［102］Kresse G. Ab initio molecular dynamics for liquid metals［J］. *Journal of Non-Crystalline Solids*, 1995, 192-193：222-229.

［103］Perdew J P, Wang Y. Pair-distribution function and its coupling-constant average for the spin-polarized electron gas［J］. *Physical Review B*, 1992, 46(20)：12947-12954.

［104］Li J D, Croiset E, Ricardez-Sandoval L. Effect of carbon on the Ni catalyzed methane cracking reaction：a DFT study［J］. *Applied Surface Science*, 2014, 311：435-442.

[105] Zhu Y A, Dai Y C, Chen D, et al. First-principles study of C chemisorption and diffusion on the surface and in the subsurfaces of Ni(111) during the growth of carbon nanofibers[J]. *Surface Science*, 2007, 601(5): 1319-1325.

[106] Liu B, Lusk M T, Ely J F. Influence of nickel catalyst geometry on the dissociation barriers of H_2 and CH_4: Ni_{13} versus Ni(111)[J]. *Journal of Physical Chemistry*, 2009, 113(31): 13715-13722.

[107] Shi C, Hansen H A, Lausche A C, et al. Trends in electrochemical CO_2 reduction activity for open and close-packed metal surfaces[J]. *Physical Chemistry Chemical Physics*, 2014, 16(10): 4720-4727.

[108] Hayek K, Jenewein B, Klötzer B, et al. Surface reactions on inverse model catalysts: CO adsorption and CO hydrogenation on vanadia-and ceria-modified surfaces of rhodium and palladium[J]. *Topics in Catalysis*, 2000, 14(1): 25-33.

[109] Sachtler W M H, Shriver D F, Hollenberg W B, et al. Promoter action in Fischer-Tropsch catalysis[J]. *Journal of Catalysis*, 1985, 92(2): 429-431.

[110] Meng F H, Li Z, Ji F K, et al. Effect of ZrO_2 on catalyst structure and catalytic methanation performance over Ni-based catalyst in slurry-bed reactor[J]. *International Journal of Hydrogen Energy*, 2015, 40(29): 8833-8843.

[111] Zanoni R, Decker F, Coluzza C, et al. Surface evolution of Ni-V transparent oxide films upon Li insertion reactions[J]. *Surface & Interface Analysis*, 2002, 33(10-11): 815-824.

[112] 张加赢, 辛忠, 孟鑫, 等. 基于 MCM-41 的镍基甲烷化催化剂活性与

稳定性[J]. 化工学报, 2014, 65(1): 160-168.

[113] Bartholomew C H. Mechanisms of catalyst deactivation[J]. *Applied Catalysis A: General*, 2001, 212(1): 17-60.

[114] 刘化章, 董昭, 陈珍珍, 等. 水蒸气浓度对合成气制甲烷 Ni/γ-Al$_2$O$_3$ 催化剂稳定性影响[J]. 天然气化工, 2013, 38(5): 55-58.